高等职业教育计算机类课程
新形态一体化教材

人工智能
应用概论

俞仲文　田　钧　主　编

林琨智　姚　琦　杨华峰　副主编

U0209051

高等教育出版社·北京

内容简介

　　本书是校企"双元"合作开发的面向高职学生的人工智能通识课教材。全书分为基础篇：初探人工智能，应用篇：了解人工智能的行业应用，创研篇：人工智能的行业应用实践 3 篇，共 20 章。从人工智能时代新技术、新职业、新岗位对高职学生的新要求出发，通过人工智能认知教学（理论认知→应用认知）与人工智能应用实训实践（应用初探→应用实践），实现"认知教学→应用实训→创研实践"的闭环式教育，以拓展学生人工智能视野、培育学生人工智能思维、锻炼学生人工智能应用实践能力。

　　本书配套有微课视频、授课用 PPT、拓展阅读等数字化教学资源。与本书配套的数字课程"人工智能应用概论"在"智慧职教"平台（www.icve.com.cn）上线，学习者可以登录平台进行在线学习及资源下载，授课教师可以调用本课程构建符合自身教学特色的 SPOC 课程，详见"智慧职教"服务指南。教师也可发邮件至编辑邮箱 1548103297@qq.com 获取相关资源。

　　高职院校可以将本书纳入通识教育体系，借以推动传统计算机公共基础课程改革，为学校探索"人工智能+X 专业"新教学模式奠定基础，并帮助学校提高人工智能技术技能人才培养水平。此外，本书也可以作为人工智能爱好者的入门参考读物。

图书在版编目（CIP）数据

　　人工智能应用概论／俞仲文，田钧主编
． -- 北京：高等教育出版社，2021.12
　　ISBN 978-7-04-057293-3

　　Ⅰ．①人…　Ⅱ．①俞…　②田…　Ⅲ．①人工智能-高等职业教育-教材　Ⅳ．①TP18

　　中国版本图书馆 CIP 数据核字（2021）第 228890 号

Rengong Zhineng Yingyong Gailun

| 策划编辑 | 刘子峰 | 责任编辑 | 刘子峰 | 封面设计 | 张　楠 | 版式设计 | 于　婕 |
| 插图绘制 | 李沛蓉 | 责任校对 | 王　雨 | 责任印制 | 耿　轩 | | |

出版发行	高等教育出版社	网　　址	http://www.hep.edu.cn
社　　址	北京市西城区德外大街 4 号		http://www.hep.com.cn
邮政编码	100120	网上订购	http://www.hepmall.com.cn
印　　刷	固安县铭成印刷有限公司		http://www.hepmall.com
开　　本	787 mm×1092 mm　1/16		http://www.hepmall.cn
印　　张	12.5		
字　　数	260 千字	版　　次	2021 年 12 月第 1 版
购书热线	010-58581118	印　　次	2021 年 12 月第 1 次印刷
咨询电话	400-810-0598	定　　价	45.00 元

"智慧职教" 服务指南

"智慧职教"是由高等教育出版社建设和运营的职业教育数字教学资源共建共享平台和在线课程教学服务平台，包括职业教育数字化学习中心平台（www.icve.com.cn）、职教云平台（zjy2.icve.com.cn）和云课堂智慧职教 App。用户在以下任一平台注册账号，均可登录并使用各个平台。

● 职业教育数字化学习中心平台（www.icve.com.cn）：为学习者提供本教材配套课程及资源的浏览服务。

登录中心平台，在首页搜索框中搜索"人工智能应用概论"，找到对应作者主持的课程，加入课程参加学习，即可浏览课程资源。

● 职教云（zjy2.icve.com.cn）：帮助任课教师对本教材配套课程进行引用、修改，再发布为个性化课程（SPOC）。

1. 登录职教云，在首页单击"申请教材配套课程服务"按钮，在弹出的申请页面填写相关真实信息，申请开通教材配套课程的调用权限。

2. 开通权限后，单击"新增课程"按钮，根据提示设置要构建的个性化课程的基本信息。

3. 进入个性化课程编辑页面，在"课程设计"中"导入"教材配套课程，并根据教学需要进行修改，再发布为个性化课程。

● 云课堂智慧职教 App：帮助任课教师和学生基于新构建的个性化课程开展线上线下混合式、智能化教与学。

1. 在安卓或苹果应用市场，搜索"云课堂智慧职教"App，下载安装。

2. 登录 App，任课教师指导学生加入个性化课程，并利用 App 提供的各类功能，开展课前、课中、课后的教学互动，构建智慧课堂。

"智慧职教"使用帮助及常见问题解答请访问 help.icve.com.cn。

本书编委会

主　编

　　俞仲文　国泰安职业教育与产业发展研究院

　　田　钧　广州科技贸易职业学院

副主编

　　林琨智　广州华商职业学院

　　姚　琦　广西建设职业技术学院

　　杨华峰　深圳国腾安职业教育科技有限公司

参　编

　　苏　禹　沈宇辉　王新强　张香玲　葛春雷　罗献燕

　　谭　波　王远见

前　言

　　人工智能是计算机科学的一个分支，该领域的研究包括机器人、图像识别、自然语言处理和专家系统等。与此同时，人工智能是一门极富挑战性的学科，从事这项工作的人必须懂得计算机知识、心理学和哲学等。近年来，随着大数据、云计算、物联网等快速发展，以神经网络为基础的人工智能技术极大促进了其从纯科学理论到实际应用的转化，图像及语音识别、无人驾驶等迎来前所未有的发展高潮，相关产业人才市场需求也越发旺盛。

　　本书是校企"双元"合作开发的面向高职学生的人工智能通识课教材。本书较为系统、全面地介绍了人工智能的相关概念与理论。全书分为基础篇：初探人工智能，应用篇：了解人工智能的行业应用，创研篇：人工智能的行业应用实践3篇，共20章。主要内容包括人工智能基本概念及产生，相关软硬件技术及产业发展，人工智能在农业、环保、安防、物流、交通、建筑、教育等领域的典型应用，并通过智能防摔系统和智能家居系统的初步设计案例，进一步展现人工智能的应用场景。

　　本书从人工智能时代新技术、新职业、新岗位对高职学生的新要求出发，通过人工智能认知教学（理论认知→应用认知）与人工智能应用实训实践（应用初探→应用实践），实现"认知教学→应用实训→创研实践"的闭环式教育，以拓展学生人工智能视野、培育学生人工智能思维、锻炼学生人工智能应用实践能力。在内容编排形式上，本书以"基本概念—小档案—问题引入—实训"的连贯环节进行设计，以真实案例为基础，突出人工智能应用的核心技能培养；在内容设计上，本书采取"理论+实践"一体化的编写模式，以案例导出问题，并根据内容设计相应的情境及实训，将相关原理与实操训练有机结合，围绕关键知识点引入相关实例，归纳总结理论，分析判断解决问题的途径和方法。

　　本书由国泰安职业教育与产业发展研究院俞仲文与广州科技贸易职业学院田钧任主编，由广州华商职业学院林琨智、广西建设职业技术学院姚琦、深圳国腾安职业教育科技有限公司杨华峰任副主编，其他编写成员及参与单位见本书编委会名单。在此，特别感谢国泰安职业教育与产业发展研究院陈工孟先生为本书做出的贡献，并向所有参与及支持本书出版的个人及单位表示衷心感谢！

由于作者水平有限，书中难免有疏漏之处，恳请广大读者批评指正。

编　者

2021 年 7 月

序

    以 1956 年达特茅斯会议为起点，人工智能至今已有 60 多年的研究和应用发展历史。在此过程中，其经历三次发展高潮。第一次人工智能的兴起源于计算机可以用于解决一些原本只有人类才能完成的复杂事情，但受制于当时算法的不完备和计算机硬件功能的不足，其并未达成人们所期待的结果，并陷入了低谷。第二次人工智能的兴起是以"专家系统"的理念进入人们视线，但算法架构的局限性与实际生产业务的高度复杂性之间不可调和的矛盾，严重降低了人工智能所能带来的实际价值，使得其又一次陷入沉寂。从 20 世纪 90 年代后期至今，人工智能迎来第三次高潮。这一阶段，互联网和计算机硬件产业的飞速发展使得支撑人工智能发展的算法、数据、硬件这三方面核心要素都取得了长足进步。2006 年以来，以深度学习为代表的机器学习算法在机器视觉和语音识别等领域取得了极大的成功，识别准确率大幅提升，使人工智能再次受到学术界和产业界的广泛关注。云计算、大数据等技术在提升运算速度、降低计算成本的同时，也为人工智能发展提供了丰富的数据资源，协助训练出更加智能化的算法模型。2016 年 3 月人工智能机器人 AlphaGo 打败世界顶尖的围棋职业选手后，"人工智能"这一话题在全球范围内引发了关注热潮。在可预见的未来，人工智能在推动经济社会各领域加速发展的同时，也将对人类的生活方式和思维模式带来深刻影响。

    作为一项引领未来的战略技术，世界各国围绕人工智能纷纷出台规划和政策，对其核心技术研发、顶尖人才培养、标准规范制定等进行部署，加快促进人工智能技术和产业发展。主要科技企业不断加大资金和人力投入，抢占人工智能发展制高点。目前，美国、英国、日本等国家先后将人工智能列为核心发展战略，积极推动人工智能及相关前沿技术的研究，深入发掘人工智能的应用场景，引导人工智能在经济和社会发展方面发挥积极作用。近年来，我国政府高度重视人工智能的发展，相继出台多项战略规划，鼓励并指引人工智能的发展。目前，在多层次战略规划的指导下，无论是学术界还是产业界，我国人工智能方面均有不错的表现，在世界人工智能舞台上扮演了重要的角色，我国人工智能的发展已驶入快车道。

作为新一轮产业变革的核心驱动力，人工智能在催生新技术、新产品的同时，对传统行业也具备较强的赋能作用，实现社会生产力的整体跃升。人工智能将人从枯燥的劳动中解放出来，越来越多的简单性、重复性、危险性任务由人工智能系统完成，在减少人力投入、提高工作效率的同时，还能够做得更快、更准确；人工智能在教育、医疗、养老、环境保护、城市运行、司法服务等领域也得到广泛应用，显著提升公共服务精准化水平和人们的生活品质；同时，人工智能还可以帮助人们准确感知、预测、预警基础设施和社会安全运行的重大态势，并主动做出决策反应，同时保障公共安全。

相关招聘机构数据显示，2018年人工智能领域仍然是大部分资深技术人才转岗的首选目标，在人才最紧缺的前十大职位中，大数据、人工智能、算法类岗位占据半壁江山。据调查指出，2017年技术研发类岗位薪酬涨幅不再处于高位，但以人工智能、大数据为代表的新兴技术岗位薪资出现明显上升，无论薪资基数、薪资涨幅还是发展空间均高出其他职位。

人工智能是一个快速增长的领域，人才需求量很大。研究表明，掌握3种以上技能的人才对企业的吸引力更大，且趋势越来越明显，因此，人工智能教育应从专业化走向通识化，贯穿教育的每个阶段，打通人文、理工、社科与艺术等学科。为了推动我国人工智能通识教育与基础应用的发展，国泰安职业教育与产业发展研究院牵头组建"人工智能职业教育编委会"（以下简称"编委会"），以普及职业教育层次人工智能通识教育为目的，根据职业教育的特点，以人工智能技术基础+多个领域的应用场景为逻辑主线，开发人工智能通识教育教材以及配套的人工智能实训平台、实训项目、新形态一体化课程、在线学习平台、智慧教学终端、"双师型"人工智能师资培训等一体化教学解决方案，从"教、学、训、用、师"全方位助力职业院校建设与开展人工智能通识教育，以壮大我国的人工智能人才队伍，加速我国各行各业的升级转型以及"智变"发展。

本书缘起2019年初，编委会与杭州海康威视数字技术股份有限公司（以下简称"海康"）共同为广东环境保护工程职业学院开发人工智能学习平台；为推动人工智能通识教育在职业教育中的应用，2019年6月，编委会再次与海康深入合作，使用海康的人工智能开放平台以及算法模型，研发针对职业院校人工智能通识教育的AI-training实训平台，同步进行人工智能通识教育教材编写、新形态一体化课程资源开发等，期间开展试点工作，得到了数十所本科及高职院校的认可。《国家中长期教育改革和发展规划纲要（2010—2020年）》明确指出，教育要注重知行合一，坚持教育教学与生产劳动、社会实践相结合。本书的一个重要出发点就是尝试为人工智能通识教育在"知"与"行"之间搭建平台。

  编委会成员经过一年多的共同努力，于 2020 年 11 月完成了本书初稿及配套的新形态一体化课程资源建设等；为了使教材的质量、教学效果更好，编委会成立了专家委员会，对本书内容的完善工作进行指导与把关，以期借本书与配套平台、资源等为社会培养掌握人工智能专业理论知识及应用技术的创新型、复合型高素质技术技能人才，推动我国人工智能产业的发展。

本书编委会

2021 年 5 月于深圳

目　录

基础篇　初探人工智能

创研篇   人工智能的行业应用实践

基础篇　初探人工智能

　　通过本篇的学习，读者可以了解人工智能的基础知识，包括人工智能的基本概念、发展历程、应用领域以及软硬件技术。通过对人工智能具体技术的介绍，读者可以更深入地理解人工智能，体会到人工智能带来的就业变化以及整个产业的发展趋势。

第 1 章　走进人工智能

　　了解人工智能每个发展阶段的重要事件，对整个人工智能的历史有一个清晰的认识，是迈入人工智能学习领域的第一步。本章通过对人工智能发展过程中所遇到的困境进行探究，以及对人工智能的未来进行展望，激发读者对人工智能的兴趣；通过对人工智能诞生及历史发展的介绍，使读者了解人工智能历史发展的 3 个重要阶段。

PPT：1-1
走进人工智能

教学目标

1）了解人工智能的发展历史。
2）了解未来人工智能的发展趋势。
3）了解人工智能所面临的困境。

笔 记

基本概念

　　弱人工智能：又被称为狭义人工智能，是指仅具备某项认知功能、实现某项技能，而不能推广到其他领域。

　　强人工智能：又称通用人工智能，是指具备人类所有认知能力，可以由同一个智能系统执行不同的认知功能。

小档案：机器会思考吗？

2016 年 3 月，围棋人工智能机器人 AlphaGo（常被人们戏称为"阿尔法狗"）与围棋世界冠军、职业九段棋手李世石进行围棋人机大战，以 4∶1 的总比分获胜；2017 年 5 月，在中国乌镇围棋峰会上，它与当时排名世界第一的世界围棋冠军柯洁对战，以 3∶0 的总比分获胜，如图 1-1 所示。围棋界公认 AlphaGo 的棋力已经超过人类职业围棋顶尖水平，在 GoRatings 网站公布的世界职业棋手排名中，其等级分曾超过人类棋手，排名世界第一。

图 1-1　人机大战

　　"体温正常""请佩戴口罩"……从 2020 年开始，在写字楼等办公场所、学校入口处，这些提示声音让人再熟悉不过了。进出检测区无须进行人工操作，只要通过闸机时"嘀"一声即可进行体温检测、口罩佩戴识别以及出入人员核对等一系列工作，从而实现非接触式快速测温，缓解监测与通行矛盾，如图 1-2 所示。

图 1-2　疫情监测

1.1　机器能思考吗？

　　1950 年，著名的数学家阿兰·图灵（图 1-3）在《心灵》杂志（*Mind*）上发表了一篇划时代的论文《计算机器和智能》。在这篇论文中，他第一次提出"机器思维"的概念。同时他还提出，机器能不能思维的问题应当看机器能否通过这样一种测试：一个人通过电话与另一端的机器进行对话，如果人无法区分对方是机器还是人类的时候，就应该承认这部机器具有智能。这个测试就是著名的"图灵测试"（Turning Test），如图1-4所示。

微课 1-1
机器能思考
吗？

图1-3　阿兰·图灵

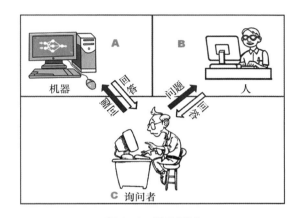

图1-4　图灵测试

图灵测试无法确立机器的心理状态，也无法得知机器是否有理解力，因此即便能通过图灵测试的机器，也无法确定地说它拥有了像人一样的思维能力。只有当机器能够理解人类的自然语言，并在模仿人类行为时具有与人类类似心理活动时，才能认为其能够思考。也就是说，只有当机器处于能够描述和解释人类心智活动的通用人工智能（Artificial General Intelligence，AGI）模式时，才能认为机器能够像人一样思考。

现在再回到图灵的问题：机器能思考吗？也许随着人工智能日新月异的发展，在未来的某天，人们进入通用人工智能时代，那时的机器会具备同人类一样的品格和心理，像人一样的去思考和行动，人们才能更加确信地说机器是会思考的。但目前人工智能的发展还处于弱人工智能阶段，更多的时候，人工智能是作为一种辅助人类的工具。

笔记

1.2　人工智能的发展

人工智能是一门"年轻"的学科，它的发展始于第二次世界大战期间，与计算机的发明和应用紧密相关。从历史来看，重大科学的研究和进展往往呈螺旋形上升的过程，很少一蹴而就。人工智能的发展也是如此，从总体看人工智能的发展大致可以分为以下3个阶段，如图1-5所示。

微课1-2
人工智能的
发展

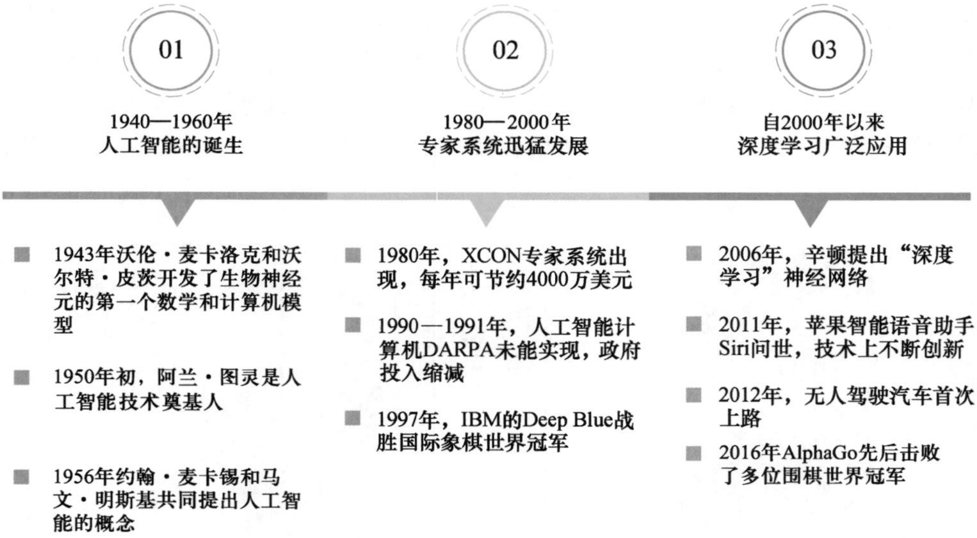

01

1940—1960年
人工智能的诞生

02

1980—2000年
专家系统迅猛发展

03

自2000年以来
深度学习广泛应用

- 1943年沃伦·麦卡洛克和沃尔特·皮茨开发了生物神经元的第一个数学和计算机模型

- 1950年初，阿兰·图灵是人工智能技术奠基人

- 1956年约翰·麦卡锡和马文·明斯基共同提出人工智能的概念

- 1980年，XCON专家系统出现，每年可节约4000万美元

- 1990—1991年，人工智能计算机DARPA未能实现，政府投入缩减

- 1997年，IBM的Deep Blue战胜国际象棋世界冠军

- 2006年，辛顿提出"深度学习"神经网络

- 2011年，苹果智能语音助手Siri问世，技术上不断创新

- 2012年，无人驾驶汽车首次上路

- 2016年AlphaGo先后击败了多位围棋世界冠军

图1-5　人工智能的发展三阶段

1.3 人工智能发展的趋势

　　人工智能从诞生以来，其理论和技术日益成熟，应用领域不断扩大，可以设想，未来人工智能带来的科技产品将会是人类智慧的"容器"。

笔记

　　（1）算法的不断演进

　　学习、决策、诊断、计划、对话、搜索等，这些都是算法中非常重要的一部分。实际上正是由于这些算法，使得人们能够做出更好的决策，提高工作效能。

　　（2）更广泛的融合

　　AoE（AI of Everything）即"人工智能连接一切"，是指人工智能会将人们生活中的各个地方连接在一起，包括家庭、办公室、城市、工厂等。这是目前非常火热的一个趋势。

　　（3）更多的智能设备

　　现在有许多工业机器人已经被投入使用。但如果人工智能未来要给人类带来更多好处，就要发展家庭机器人和服务机器人。现在最简单的应用就是智能音箱，它们已经可以连接到越来越多的设备。

　　（4）无人驾驶的普及

　　无人驾驶汽车是智能汽车的一种，是指达到依靠车内的以计算机系统为主的智能驾驶仪来实现无人驾驶的目的。国内外多家知名IT企业的无人驾驶汽车已经进行过上路实验，并取得重大进展，如百度公司就是这一领域的领先者之一。

（5）具备情感能力

情感机器人是指用人工方法和技术赋予计算机或机器人人类式的情感，使之具有表达、识别和理解喜乐哀怒，模仿、延伸和扩展人的情感的能力，这也是许多科学家的梦想。与人工智能技术的高度发展相比，人工情感技术所取得的进展却微乎其微，这个问题似乎始终是横跨在人脑与计算机之间一条无法逾越的鸿沟。未来，这将是人工智能科学家们一个重要的研究课题。

（6）智能伙伴的出现

使用人工智能可以做出真正的机器人伴侣，给人以陪伴，提高人们的快乐感受。可以预见的是，随着人工智能以超乎想象的速度发展，未来机器人很可能承担起人类伴侣的角色。

1.4　人工智能面临的困境

现在，人们对人工智能的未来发展还存在着许多争议，很多知名 IT 人士对其保持乐观态度，如"并不担心机器人会像人一样思考，却担心人像机器一样思考""人类有灵魂、有信仰、有自信可以控制机器"；但也有不少人提出警告，如"人工智能就是人类正在召唤的恶魔""人类需要敬畏人工智能的崛起"等。但不管是哪一派，都有一个相同的结论，就是人工智能正在影响几乎每个行业和每个人。人工智能已成为大数据、机器人技术和物联网等新兴技术的主要驱动力，并且在可预见的未来它将继续充当技术创新者。

人工智能自诞生至今，以其模仿人类智慧的能力，被认为是有最具发展潜力的科技革命之一，但其在目前的发展过程也遇到了一些来自自身及社会等方面的困境。

（1）理论困境

人工智能的理论基础还相对薄弱，需要一个可以被证明的理论作为基础。人工智能需要一个漫长的过程，有赖于与数学、脑科学等结合实现底层理论的突破。

（2）发展惯性问题

目前流行的计算机都是基于图灵机模型的冯·诺依曼架构。冯·诺依曼发现模仿神经网络设计计算机这条路走不通，从第一台电子计算机开始，计算机的发展就与模拟人脑分道扬镳，使得用计算机实现人工智能的方式与人脑的思维机制几乎不沾边。但是现在，只需要很少的钱就可以买到集成上万个晶体管的集成电路，集成电路与软件已积累难以估量的物质财富，形成巨大的惯性。发展人工智能既要考虑计算机产业的巨大惯性，又要试图突破图灵机模型的局限，这是发展人工智能面对的困境。

（3）创造力难题

计算机是机械的、可重复的智能机，本质上没有创造性。计算机的运行可以归结为已有符号的形式变换，结论已经蕴涵在前提中，本质上不产生新知识，不会增进人类对客观世界的认识。机器学习学到的知识都事先蕴涵在运算前的软件中吗？机械的、可重

笔 记

微课 1–3
人工智能面临
的困境

复的计算究竟如何产生出新知识？这些知识都只能局限在"知其然不知其所以然"的水平吗？这些都是人工智能发展中的遇到的创造性难题与困境。

（4）不可解释性的困境

许多企业都希望能在生产经营中应用人工智能，但深度学习的成功使得目前人工智能的一些最成功的实际应用，都陷入了解释差的黑箱问题中。如果人们不清楚人工智能如何观察结果和做出判断，那么对人工智能自然会缺乏信任。

例如，在从事金融服务等行业的公司中，人工智能系统可以帮助人类做出一些判断，但却无法给出人类能够理解的相关合理解释。在诸如信贷决策之类的工作里，人工智能实际上受到了很多监管的限制，很多问题有待解决。很多事情都必须进行完整的回溯测试，以确保没有引入不恰当的偏见，避免使用人工智能导致的黑箱问题。

（5）通用人工智能难以到来

人工智能在工业机器人、医疗机器人、智能问答、自动驾驶、疾病诊断、自动交易等领域的应用，提高了社会的整体生产效率。但这种为专一领域研发和应用的人工智能，无法像人类一样靠理性或感性进行推理，更没有解决复杂的综合性问题的能力，机器只不过看起来像是智能的，只是既定程序的执行而已，只能解决某一方面的问题，不会有自主意识，也不会有创造性，这种人工智能属于弱人工智能。通用人工智能的定位是在各方面具备相当于人类或者超过人类的能力，但现阶段的人工智能研究和应用还是主要聚焦在弱人工智能，对通用人工智能的研究仍处于艰难的探索中。

例如，AlphaGo 虽然在下围棋方面已经超过人类顶尖的水平，但却无法应对比围棋简单得多的象棋或纸牌类游戏。因此，具备人类情感、能够独立解决问题的通用人工智能离人们还很远。

（6）人类失业担忧

随着密集型技术的发展，某些行业中对人力密集型的需求渐渐降低。如果将来的人不增加自己的技能，那么很有可能会被机器所取代，特别是重复性强的工作，更有可能让位于人工智能。当人工智能有能力取代类似的工作时，可能会引发一系列社会问题，这也是人工智能发展中要面对的问题。

（7）隐私泄露风险

已经有很多事实表明，人工智能对大数据的依赖已经在很大程度上影响了人们的隐私权。

就像剑桥分析（Cambridge Analytica）曾在美国总统选举期间，在未经允许的情况下就从某知名社交平台的数千万用户那里收集数据并将它们用到政治广告中那样，如果没有适当的法规、监管和自我施加的限制，未来的情况将变得更加糟糕。有人就曾表示："人工智能正在吞噬它们所能学到的一切，并试图从中获利，我们认为那是错误的。""通过收集庞大的个人资料来推进人工智能是懒惰，而不是效率。要使人工智能真正成为智能，它必须尊重人类价值，包括隐私。如果我们轻视了这一点，则危险是巨大的。"

（8）安全争议

任何新的人工智能创新都可能用于有益或有害的目的：任何可能提供重要经济应用的新算法也可能导致规模生产前所未有的大规模杀伤性武器。从自动武器系统到面部识别技术再到决策算法，人工智能的每一个新应用都会带来好的和坏的作用。人工智能技术的这种双重性质给人类带来了未知的安全风险和生存发展困境。

（9）道德与伦理困境

人工智能技术的发展与应用会产生一些与道德、伦理相关的严肃问题，像无人驾驶汽车这样的智能设备可能会做出关于人的生命的决定。目前，人工智能还无法进行有关道德的判断，也无法理解伦理概念，因此其还陷于缺乏伦理和道德制约的困境中。

例如，无人驾驶汽车在正常行驶的路上，突然前方出现了人和动物，由于来不及刹车，只能选择撞向一方，无人驾驶汽车该如何做出选择呢？

拓展阅读

与本章内容相关的更多知识，请参考本书配套教学资源中的拓展阅读。

文本：拓展阅读

练一练

将全班同学分组，每组 4~6 人，每小组推选一名同学为组长，负责与老师的联系。请各小组收集汇总以下问题答案：出现在自己身边的人工智能都有哪些？它给你的生活带来了哪些改变，你对这些改变有什么看法？

第2章　人工智能带来的就业变化

对于人工智能，人们总是既期待又感到恐惧——期待的是对融入了人工智能的美好生活的向往，恐惧的则不仅仅是机器对人类拟态的"恐怖谷"效应，还裹挟着人们对未来就业和生存方式的担忧。

PPT：2-1
人工智能带来
的就业变化

教学目标

1）了解人工智能会带来哪些职业变化。
2）了解在人工智能产业下的人才缺口。

小档案：人工智能会取代人的工作？

早　在2016年百度联盟峰会上，相关人士就"人工智能+传统产业"给出了一种答案：一种可能是人工智能将取代很多简单的脑力劳动，第二种可能则是人工智能对传统产业产生巨大的改变。

有人说："未来10年，人工智能将替代大多数工厂工人、助理、顾问和中介；还会替代部分新闻记者、医生和教师。人工智能助理将比你自己更了解你今晚想吃什么、你该去哪里度假、你想跟谁约会；机器人将学会做饭、洗衣服、做保洁，帮助人类分担所有繁重的家务劳动。"

科技的发展远比人想象得更加迅速。据一项牛津大学的调查显示，在未来10~20年，具有弱人工智能的机器人会取代大部分人的工作。

人工智能取代人的工作绝不是危言耸听，真实的情况是，无论是国内还是国外，人工智能已广泛应用在各行各业中，逐渐取代那些需要大量重复性劳动的工作岗位，如接线员、常规程序检查员、流水线质检员等。

2.1　人工智能带来的职业变化

现在人们更多地讨论何种职业会被人工智能所替换。目前看来，符合以下特征的工作被人工智能取代的可能性非常大：

1）无需天赋，经由训练即可掌握的技能。

2）大量的重复性劳动，每天上班无须"过脑"，只要"手熟"。

3）工作空间狭小，即"坐在格子间里，不闻天下事"。

其实不只是传统行业重复性高的岗位面临被替代的风险，一些看似"体面"的工作，甚至是在科技含量高的互联网行业也会存在大量的重复劳动，这些岗位都是正在或未来可能被人工智能替代的。

（1）已开始被取代的职位

1）传统流水线工人。传统流水线工作重复度高、持续时间长、工作简单乏味，得益于工业互联网、智能制造的发展，很多流水线工作已经实现了自动化操作，工业机器人可以满负荷工作且错误率极低，这样传统流水线上的工人被大量取代。例如，富士康已经实现了大量的生产线和工厂完全自动化，无须生产线工人，甚至无须开灯；三全集团的汤圆流水线一天可以生产 400 吨产品，几万吨的冷冻食品由无人驾驶的运货车拖来拖去，整个仓库全部都是计算机操作控制，无须人员参与。

2）接线员。生活中只要稍微观察下就会发现，不管拨打快递服务电话，还是银行、保险公司的咨询热线，客服接线都是自动接听，然后语音提示用户根据所需查询或办理的业务输入个人信息或选择办理事项，很多时候甚至都不需要人工客服就已经完成了业务的查询或办理。

这些改变是因为人工智能的发展代替了接线员的工作，早在十几年前，具有总机接线员功能的智能语音系统便已问世；近些年来，大量接线员的工作已由人工智能替代完成。

3）客服人员。人工客服存在培训成本高、服务效果难统一以及流动性大等问题，而相比雇佣员工，智能客服将会极大减少成本与出错概率。2020 年，85% 的客服工作都由人工智能完成，无须任何人工参与。人工智能技术的不断进步，使得客服机器人交互感觉更加真实，服务更加个性化。业内人士预计，未来 5 年来，智能客服机器人会在各个领域遍地开花，大展身手。

4）打字员。在计算机尚未普及的年代，打字员曾经也是一份非常体面的工作。不过，现在靠打字为生的唯一职业只剩速记员了，而且随着语音识别技术飞速发展，速记员这一职业预计很快也将不复存在。

5）电销人员。平时可能会接到很多的推销电话（非诈骗电话），每次接听后会发现，对面都是人工智能机器人在推销产品。普通电销的工作单调、重复又毫无效率，最容易

微课 2-1
人工智能带来
的职业变化

笔 记

被机器人所替代，电销人员也成为极易被取代的工种，在大数据个性化推送的广泛应用下，"广撒网"的营销方式注定要被时代淘汰。

6）快递拣货员。拍照 320 000 次、抓取 2 000 次商品、打包 5 120 件包裹，这是物流智能机器人在 1 分钟内交出的答卷。它比人力效率更高，而且不需要工资、不用缴纳"五险一金"，不会生病也不会闹情绪，更重要的是它永远准确、服从，所以拣货员也成为被替代的工作之一。

人工智能技术的发展，使物流行业的拣货、打包、快递分配等工作全部实现自动化。有专业人士指出："无人机送货相比汽车等交通工具+人员配送，物流费用将下降至少70%！"这也意味着大量的快递员、外卖员未来也很可能将被人工智能机器人所取代。

除了以上所举的案例外，只要在生活中细心观察一下就会发现，银行柜员（被可视化或机器人办理替代）、超市收银员（被自动结账机替代）、售货员（被自助购物替代）、迎宾接待员（被机器人迎宾替代）、餐饮柜员（被自助扫码点餐替代）等都在逐步减少，这正是人工智能的发展影响人类职业发展的缩影之一。

（2）正在被影响的职位

1）会计。财务的许多工作，包括金融报告分析、资产负债表分析、应付和应收账款清算、损益评估和库存跟踪等，这些被认为是属于会计师的非常复杂的计算部分会逐渐被机器所替代。在许多情况下，机器人比人类做得更好，有专家预计，会计机器人在未来几年内将大幅增长。因此未来的会计师可能就是一款软件程序，也可能是一个移动的小设备，随身携带。

财务分析师的工作也处于危机之中，因为利用人工智能进行财务分析能够更快、更准确地发现金融趋势。

2）翻译。翻译是一个看似专业门槛极高的行业，但也正日益受到人工智能的"威胁"。

在 2018 年的博鳌亚洲论坛上，500 台讯飞翻译机正式上岗，这台小小的机器可以进行汉语和英语、日语、韩语、法语、西班牙语等多种语言之间的实时互译，中文识别率达到 95% 以上，性能卓越。

也许过不了多久，不同国家的人交流将不会再有难度，只需要通过一个耳机翻译就能进行。因此中低端的翻译（旅游翻译、普通文字翻译、重复性翻译工作等）将受到巨大冲击，甚至被逐步替代，但人工智能并不会消除那些专业的同声翻译员，如图 2-1 所示。

3）律师。早在 2011 年，美国的一家科技公司就开发了一款人工智能软件 E-discovery 为客户提供法律分析服务。它效率极高，用数天时间就分析了 150 万份卷宗，且仅收取客户 10 万美元的费用；而在 30 多年前的一场几家电视台间的官司中，庞大的律师团队用了数月时间来分析 600 万份卷宗，客户为此花费了 220 万美元。

同一时期，欧洲的科学家们也打造出了一台人工智能"法官"。它能够评估法律证据的同时考虑伦理问题，然后决定案件应当如何判决，其背后的算法参考了 584 个关于审判

图 2-1　同声翻译

和隐私的案例数据库，人工智能法官对案件预测的准确性达到了 79%。

在国内，人工智能"律师"——"法小淘"也已经粉墨登场。其基于阿里的语音识别和裁判文书网的大数据，通过提取客户咨询的关键字来分析案由，然后根据客户提供的诉讼机构来筛选裁判文书网中相应的律师。2017 年，江苏省苏州市吴中区检察院推出的实物版机器人"吴小甪"、湖南真泽律所合作研发的"法狗狗"等法律机器人陆续亮相，如图 2-2 所示。

图 2-2　人工智能与律师

4）导游。现在很多导游服务都能通过智能设备来实现，如语音导览、智能问答等。随着人工智能的发展，电子导游也逐渐为许多游客所青睐，导游的很多工作将被机器所替代，如图 2-3 所示。

日本政府目前大力推动机器人导游服务，熟悉中日英三国语言的导游机器人能给外国旅客介绍景点及相关的各项活动。未来的机器人导游还将增设图像与声音识别功能，可实现与人类进行对话等功能，让游客有更好的体验。

笔记

图 2-3   人工智能导游

（3）未来可能被影响的职位

1）门诊医生。如今社会的老龄化日趋严重，医生的整体需求量不断扩大，而且其作为一个专业性极强的职业又如何会被人工智能取代？可能很多人都没有想到过这个问题。然而，诊疗自动化已经在医疗行业掀起了一场变革。

门诊医生通常靠"望闻问切"并通过一系列诊断手段和设备来判断病症。医生自身所具有的诊疗体系是通过所学医学知识以及大量的经验、实操形成的，所以医生的诊断能力和他的经验密切相关。人工智能通过把大量的数据输入系统，可以存储海量的诊断经验数据，而不用像人那样要经历漫长的学习和实践，而且人工智能可以不间断诊断病人，这是人的精力所无法企及的。因此在未来，人工智能机器人将可能会逐步替代普通的医生工作。

2）药剂师。人工智能应用在药房里，只需要计算机处理数据，再通过智能机器人来打包分发药品。机器人还能确保病人所取的药物不会和病人正在服用的其他药物产生不良反应。

3）销售人员。现在的消费者越来越依赖电子商务。在购物前，消费者会在互联网上搜索商品价格、规格和实用性等重要信息。人工智能目前还只能分析到人类表面的行为数据，但是人的消费决策大多是依靠心理活动，包括表情和情绪。现有的技术还远远没有做到这一点，虽然有人脸识别功能，但大多数技术还是非常初期的，也有一些公司已经开始尝试解读人类面部表情的技术。未来，人工智能机器人有望替代销售人员完成销售工作。

4）低端程序员。看到这里，很多程序员可能会暗自庆幸，毕竟再厉害的人工智能也是由程序员"造"出来的。而事实上，人工智能的确不能让程序员这个职业消失，但是它将淘汰大部分低端程序员，尤其是一些程序测试员。

早在 2017 年，能自动生成完整软件程序的机器人 AI Programmer 已经被研制出

笔记

来，其编程水准已经能击败初级程序员。底层的程序员被部分人工智能所替换将是不可避免的事情，但有一个程序员群体非但不受影响，其需求将越来越多，那就是AI工程师。

2.2　人工智能的人才缺口

　　人工智能的应用将创造更多的高端就业机会，随着技术的迅速发展，未来充满不确定性。如果你现在从事的是极易被人工智能所替换的工作中的一种，请不要灰心，即使今天的工作未来会被机器人替换，也很有可能会有一种今天还不存在的工作被创造出来，而你正好适合那份工作。随着相应人才缺口问题的显现，新的就业机会也会随之出现。

微课 2-2
人工智能的
人才缺口

　　我国人工智能产业起步较晚，目前也面临有效人才供给不足的窘境。《国务院关于印发新一代人工智能发展规划的通知》中提出要到 2025 年实现人工智能核心产业规模超过4000 亿元的目标。按照此产业规模目标，预计我国人工智能产业内有效人才缺口达千万级，特定技术方向和岗位上供需失衡比例尤为突出。

　　（1）从人工智能专业相关岗位看人才缺口

　　人工智能专业相关岗位包括科研岗位、算法岗位、研发岗位，如图 2-4 所示。

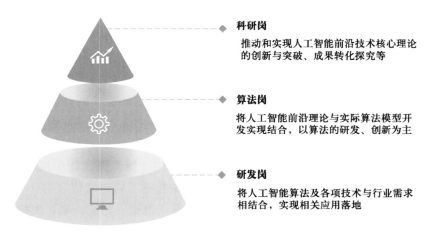

◆ **科研岗**
推动和实现人工智能前沿技术核心理论
的创新与突破、成果转化探究等

◆ **算法岗**
将人工智能前沿理论与实际算法模型开
发实现结合，以算法的研发、创新为主

◆ **研发岗**
将人工智能算法及各项技术与行业需求
相结合，实现相关应用落地

图 2-4　人工智能专业相关岗位

　　1）科研岗位。科研岗位的人才属于人工智能领域的顶尖人才，致力于推动和实现人工智能前沿技术核心理论的创新与突破、成果转化探究等，包括人工智能专家/科学家、人工智能科研人员、计算机视觉算法研究员、深度学习算法研究员等岗位。

　　2）算法岗位。人工智能算法是核心技术，算法岗位的人才属于人工智能产业中的核心人才，也是人工智能领域较为稀缺的人才，该岗位以算法的研发、创新为主。

笔 记

算法类岗位包括人工智能算法研究员、自然语言处理算法研发工程师、图像处理算法专家、搜索/推荐算法工程师等。

3）研发岗位。人工智能的研发岗位的人才主要负责将人工智能的理论和方法落地，找到应用场景，真正驱动传统产业变革；人工智能应用类人才能够结合业务，实现快速、高效的规模化产出，是人工智能技术落地行业应用的基础人才与实现保障。

研发岗位包括机器学习平台研发工程师、深度学习系统工程师、深度学习平台研发工程师、自然语言处理架构师、计算机视觉平台研发工程师。

（2）从人工智能应用相关岗位看人才缺口

人工智能应用岗位是指理解人工智能技术的基本概念，能够结合特定使用场景，保障人工智能相关应用快速、高效地规模化产出和稳定运行的岗位。人工智能应用岗位人才是人工智能技术在行业落地应用中需求量较大的基础性人才。

应用类岗位包括数据标注工程师、知识图谱数据标注工程师、人工智能训练师、语音 AI 训练师、机器人维护工程师、机器人调试工程师、机器学习测试工程师、人工智能技术支持工程师、售前工程师等。

人工智能应用相关岗位一般分布于人工智能行业应用的企业（AI+电商，AI+金融、AI+物流、AI+游戏、AI+监控、AI+教育、AI+交通、AI+汽车、AI+短视频等）公司，如百度、阿里、腾讯、今日头条、抖音等有开展人工智能业务的公司及其生态公司。

（3）从人工智能+X 相关岗位看人才缺口

随着信息技术的飞速发展，人工智能及相关技术正在引发可产生链式反应的科学突破，未来很可能重构产业体系与行业形态，引领新一轮科技革命和产业变革，深刻改变社会生产生活模式。在此背景下，国家出台了发展人工智能的相关战略，其中教育肩负着提供人才支撑、实现科研突破的关键作用。我国人工智能战略所需的人才，不仅仅是理论研究人才，还应包括实践应用人才，特别是深入了解人工智能技术及其他行业特点的"人工智能+X"复合型人才。

1）物流机器人系统操作员（AI+物流）。负责使用计算机以及物流机器人管理系统，组织以及保障园区内的机械臂、机器人等进行商品的拣选、打包发货。

2）人工智能培训讲师（AI+教育）。负责人工智能概论、智能控制、大数据、图像识别、语言理解、神经网络算法、深度学习等培训课程的策划、开发、培训。

3）植保无人机飞手（AI+农业）。主要负责按照无人机作业计划完成植保无人机撒药、施肥、播种等飞行作业任务，并在飞行作业前后对无人机及配件进行保养、维修，如图 2-5 所示。

4）智能养殖技术员（AI+养殖业）。通过先进的全自动喂料、饮水、清粪、环控、物联网应用系统以及人工气候等创新工艺，指导农户运用新科技知识和技术进行智能化、高效化、生态化的养殖方式，如图 2-6 所示。

图 2-5　人工智能与农业

图 2-6　人工智能与养殖业

笔 记

5）人工智能高级编辑（AI+新闻）。为人工智能、物联网、大数据等多个行业网站开发独特、精彩的内容，包括文章校对、文章策划和专题文章写作等，与相关行业专家保持紧密联系，跟踪并分析最新的相关行业设计应用热点及其解决方案，与相关行业的企业工程师、市场及销售进行沟通及采访，撰写原创稿件，策划会议和活动并报道宣传等，如图 2-7 所示。

6）人工智能保险咨询顾问（AI+金融）。通过人工智能系统的专业化分析，准确解答用户的疑问，帮助用户定制系统的保障方案，与客户保持沟通，协助用户管理家庭风险，把握用户的细致需求并给出科学建议，从而提高客户满意度，如图 2-8 所示。

图 2-7   人工智能与新闻

笔 记

图 2-8   人工智能与咨询业

7）人工智能药物研究员（AI+医疗）。与药物化学、药理学、药代动力学、生物学等岗位工作人员合作，为药物研发项目提供人工智能支持。应用人工智能、计算化学、计算机辅助药物设计等技术方法和相关软件，进行创新药物靶点的识别、筛选和评估，未知靶标的结构预测和建模，蛋白—配体相互作用和结合模式的预测，活性化合物的筛选、设计、优化、构效关系分析、ADMET 等性质的预测，构建具有结构多样性、较高成药性和可合成性的小分子化合物库，以及其他相关工作，如图 2-9 所示。

8）无人驾驶汽车调度员（AI+交通）。主要负责与城市规划部门、交通部门合作，实时监控路面上的无人驾驶车辆，确保其遵守交通规则，并处理交通事故。

9）人工智能立法专家/学者（AI+法律）。与人工智能相关的法律法规尚不完善，而随着人工智能的发展及应用的普及，未来将会出现很多相关的法律问题，因此需要人工智能立法专家/学者等专业人士予以专门研究，确定人工智能方面的法律法规。

以上仅为"人工智能+X"岗位的部分举例，实际上人工智能的兴起以及传统行业的

图 2-9　人工智能与医疗

转型升级，在不断创造新的就业岗位，各行各业都存在着大量的"人工智能+X"岗位人才，他们中的一些人是利用人工智能技术更好地完成岗位的工作，另一些人是因为人工智能新行业的产生，需要掌握新的技能以跟上时代发展。

在人工智能的冲击下，企业对于复合型人才的需求正在攀升，求职者需要注重培养创造力、情感沟通能力以及解决复杂问题的能力等弱人工智能无法替代的能力，而掌握人工智能技术并灵活应用到行业中，将会是职场人保持竞争力的强有力法宝。

拓展阅读

与本章内容相关的更多知识，请参考本书配套教学资源中的拓展阅读。

文本：拓展阅读

练一练

将全班同学分组，每组 4~6 人，每小组推选一名同学为组长，负责与老师的联系。请各小组收集汇总以下问题答案：你认为在人工智能产业新形势下，自己可以胜任什么工作，现在要在哪些方面给自己充电？

第 3 章　揭开人工智能的面纱

本章将解读人工智能的相关概念及相关工作原理，再列举人工智能在各行业内的具体应用。人工智能的三要素是什么？它带来的生态技术链又有哪些？"大数据"耳熟能详，但是其中包含了哪些内容？下文将一一说明。

PPT：3-1
揭开人工智能
的面纱

教学目标

1）了解人工智能的基本概念。
2）了解人工智能三要素。
3）了解数据在人工智能中的重要地位。

笔记

基本概念

人工智能（Artificial Intelligence，AI）是研究、开发用于模拟、延伸和扩展人的智能的理论、方法、技术及应用系统的一门技术科学。

数据标注：数据加工人员借助于类似 BasicFinder 这样的标记工具，对人工智能学习数据进行加工的一种行为。

数据分析：用适当的统计分析方法对收集来的大量数据进行分析，提取有用信息和形成结论，并对数据加以详细研究和概括总结的过程。

小档案：人工智能的常见应用场景

人工智能从 20 世纪五六十年代被首次提出，距今已经有 60 多年的历史，但到最近 10 年才有了重大突破，包括算法的改进以及对人脑的更深入了解，但更大的突破是越来越多的数据和计算能力指数级的上升。

现阶段的人工智能还远没有媒体所宣传的那样强大，目前其最成熟的应用领域是图像识别和语言识别。现在很多停车场都具备了自动开闸和自动收费功能，顾客开车进入时系统对车牌进行图像识别并记录下车牌号，然后顾客在手机端支付费用，离场时系统自动识别并开启栏杆。此外，现在在很多业务领域也开启了人脸识别功能，如个人所得税系统使用人脸识别进行认证。在语音识别领域，现在的智能音箱已经可以听懂简单的语音命令。

3.1　人工智能的基本概念

1. 并不神秘的人工智能

人工智能是计算机科学的一个分支，致力于创造像人类一样智能的机器或算法。人工智能之父约翰·麦卡锡（John McCarthy）对人工智能的定义是"制造智能机器，尤其是智能计算机程序的科学和工程学"。人工智能是关于如何通过创建智能代理使计算机执行人类认为困难的任务的研究，如图3-1所示。

微课 3-1
什么是人工
智能

图 3-1　人工智能学科学习

人工智能通过将大量数据与快速迭代的处理和智能算法结合在一起来工作，从而使该软件可以自动从数据的模式或特征中学习。人工智能是一个广泛的研究领域，包括许多理论、方法和技术，主要包含的领域如图3-2所示。

笔 记

2. 人工智能的工作过程

机器学习和深度学习的突破推动了人工智能的发展。有科学家指出：人工智能是试图模仿人类智能的一组算法和智能，机器学习就是其中的一种，而深度学习是机器学习技术之一。

1. 机器学习

使用分析模型构建自动化。它使用来自神经网络、统计学、运筹学和物理学的方法查找数据中隐藏的见解，而无须明确地为在哪里寻找或得出的结论进行编程

2. 神经网络

一种由相互连接的单元(如神经元)组成的机器学习模型，该单元通过响应外部输入，在每个单元之间传输信息并进行处理

3. 深度学习

使用具有多层处理单元的巨大神经网络，利用计算能力的进步和改进的训练技术来学习大量数据中的复杂模式，常见的应用包括图像和语音识别

6. 认知计算

致力于与机器进行自然的、类似于人的交互。使用人工智能和认知计算，最终目的是使机器能够通过解释图像和语音的能力来模拟人类过程，然后做出连贯的回应

5. 计算机视觉

依赖于模式识别和深度学习来识别图片或视频中的内容。当机器可以处理、分析和理解图像时，它们可以实时捕获图像或视频并解释其周围环境

4. 自然语言处理

计算机分析、理解和生成人类语言(包括语音)的能力。下一个阶段是自然语言交互，它允许人类使用日常语言与计算机进行通信以执行任务

图 3-2   人工智能研究领域

简而言之，机器学习会读入计算机数据并使用统计技术来帮助它"学习"如何逐步提高一项任务的完成质量，从而消除了数百万行代码的需要。机器学习包括有监督的学习（使用标记的数据集）和无监督的学习（使用无标记的数据集）。

深度学习是一种机器学习，它通过受生物启发的神经网络架构来运行。神经网络包含许多隐藏层，通过它们可以处理数据，从而使机器"深入"学习，建立连接并加权输入以获得最佳结果，如图 3-3 所示。

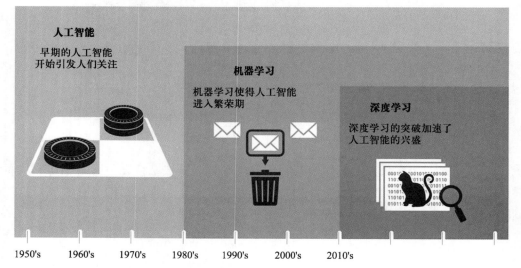

图 3-3   机器学习、深度学习与人工智能的关系

3. 人工智能的特点

1）人工智能为现有产品增加"智能"。在大多数情况下，企业不会将人工智能单独出售。相反，它们通过人工智能对现有的产品功能进行改进，就像将语音机器人 Siri 添加到苹果产品的功能一样。自动化、对话平台、机器人和智能机器可以与大数据结合使用，以改进从安全智能到投资分析的各种家庭和工作场所技术。

2）人工智能通过渐进式学习算法进行调整。人工智能是以使用数据驱动的方式进行编程的，可以发现数据的结构和规律性，从而使该算法获得"技能"。因此，就像该算法可以教自己如何下棋一样，它也可以教自己下一个在线推荐什么产品。当给定新数据时，模型会适应。反向传播则是另一种人工智能技术，允许在第一个答案不太正确时通过训练和添加数据来调整模型。

人工智能使用具有许多隐藏层的神经网络分析更多和更深的数据。几年前还几乎不可能构建的具有 5 个隐藏层的欺诈检测系统，如今已被不可思议的计算机功能和大数据所改变。人工智能需要大量数据来训练深度学习模型，因为它们直接从数据中进行学习。用户可以提供的数据越多，它们就越准确。

3）深度神经网络实现了令人难以置信的准确性。智能搜索和网络相册的交互功能都是基于深度学习的，并且随着使用量的不断增加，它们将变得越来越准确。在医学领域，来自深度学习、图像分类和对象识别的人工智能技术现在可以用于在磁共振成像（MRI）上发现癌症，与训练有素的放射科医生一样，具有较高的准确性。

人工智能充分利用数据，当算法是自学时，数据本身可以成为知识产权，即答案在数据中，因此只需要应用人工智能即可将其淘汰。由于数据的作用现在比以往任何时候都重要，因此可以创造竞争优势，即如果在竞争激烈的行业中拥有最好的数据，那么即使每个人都在使用类似的技术，其中最好的数据也将赢得最终的胜利。

4. 人工智能在各行业的应用

人工智能可以完成一些重复性强的工作，这一特点让人工智能与各行各业都碰撞出激烈的火花。除了游戏中的智能对手、准确的医疗诊断、手机上的语音命令以及电子邮件系统中的垃圾邮件分类器这些应用外，人工智能还在很多行业被广泛应用，如图 3-4 所示。

如图 3-5 所示，人工智能还可被应用于以下更为广泛的情景中：

1）聪明地推测某人可能想要购买的产品。

2）统计显微镜图片中的细胞数量。

3）找到城市所需的最佳出租车数量。

4）识别视频中的汽车牌照。

5）预测餐厅需要订购的食材数量以减少浪费。

笔记

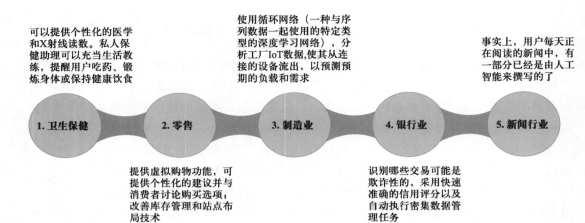

可以提供个性化的医学和X射线读数。私人保健助理可以充当生活教练，提醒用户吃药、锻炼身体或保持健康饮食

使用循环网络（一种与序列数据一起使用的特定类型的深度学习网络），分析工厂IoT数据，使其从连接的设备流出，以预测预期的负载和需求

事实上，用户每天正在阅读的新闻中，有一部分已经是由人工智能来撰写的了

1. 卫生保健   2. 零售   3. 制造业   4. 银行业   5. 新闻行业

提供虚拟购物功能，可提供个性化的建议并与消费者讨论购买选项；改善库存管理和站点布局技术

识别哪些交易可能是欺诈性的，采用快速准确的信用评分以及自动执行密集数据管理任务

图 3-4   人工智能在各行业中的常见应用

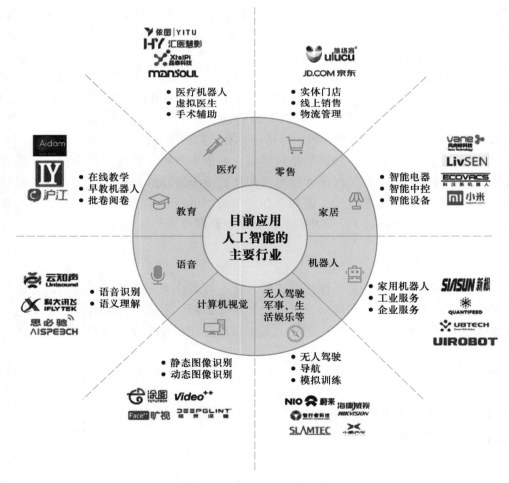

图 3-5   人工智能的更多行业应用

3.2　认识人工智能三要素

微课 3-2
认识人工智能
三要素

人工智能技术的三要素包括大数据、算力和算法。人工智能的智能都蕴含在大数据中；算力为人工智能提供了基本的计算能力的支撑；算法是实现人工智能的根本途径，是挖掘数据智能的有效方法。

当今社会无时无刻不在产生数据。移动设备、数码相机、无处不在的传感器等都在不停积累数据，这些数据形式多样化，大部分都是非结构化的，如果需要为人工智能算法所用，就需要进行大量的预处理过程。这是因为人工智能的根基是训练，就如同人类如果要获取一定的技能，就必须经过不断地练习，即熟能生巧。只有经过大量的训练，神经网络才能总结出规律，应用到新的样本上。例如需要识别猫，但训练集图片中的猫总是和兔子一起出现，网络很可能学到的是兔子的特征，那么如果新的图片中只有兔子而没有猫，依然很可能被分类为猫。因此，对于人工智能而言，有大量的数据支持是最重要的，如图 3-6 所示。

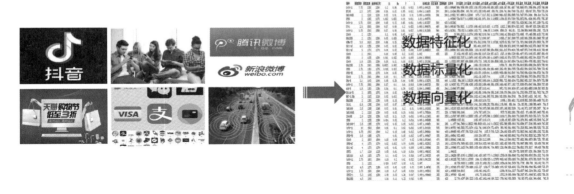

图 3-6　大数据预处理

有了数据之后，就需要进行训练，而且是不断训练。人工智能中有一个术语叫作 Epoch，意思是把训练集翻过来、调过去地训练多少轮。只把训练集从头到尾训练一遍的神经网络是学不好的。当然，除了训练（Train）之外，人工智能实际需要运行在硬件上，也需要推理（Inference），这些都需要算力的支撑。可以说，人工智能就是基于算力提升的基础上不断发展的。

人工智能的定义是让机器实现原来只有人类才能完成的任务，其核心是算法，即机器的智能程度取决于算法。现在有很多不错的论文、开源的网络代码以及各种自动机器学习（AutoML）的自动化手段，使得算法的门槛越来越低。主流的算法主要分为传统的机器学习算法和神经网络算法。其中，神经网络算法发展更为迅猛，近年来因为深度学

笔　记

习的发展而欣欣向荣，如图3-7所示。

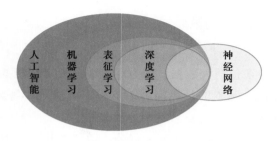

图3-7　神经网络与人工智能的关系

　　基于人工智能的三要素，人工智能的生态技术链又是怎样的呢？其实各种连接的设备里的传感器会产生大量数据，海量数据使得机器学习成为可能，机器学习的结果就是人工智能，而人工智能又指导机器人去更精确地执行任务，机器人的行动又会触发传感器，这就是一个完整的循环。

　　1）传感器产生数据。到2014年，连接到互联网的设备已超过了世界人口的总和。曾有网络公司预估，到2020年，将有500亿个相互连接的设备，而这些设备中大多都会安装传感器，可能用电气进气口（Electric Imp）内嵌传感器，或者外接传感器。设备中的传感器会产生前所未有的海量数据。

　　2）数据支撑机器学习。在2020年，有大约35ZB的数据被产生出来，约为2009年数据量的44倍。不管是结构化的，或者更可能是非结构化的数据，都可以通过机器来处理。

笔记

　　3）机器学习改善人工智能。机器学习依靠数据处理和模式识别，从而让计算机不需要编程就能去学习。现在的海量数据和计算能力都在驱使机器学习不断突破。

　　4）人工智能指导机器人行动。随着更多的传感器采集到越来越多的数据，更多的机器学习算法得以优化。因此可以合乎逻辑地推断，与机器人结合的计算机执行任务的能力将会呈指数级增长。

　　5）机器人采取行动。不仅数以百计的公司在制作可以完成各种工作的机器人，机器人本身也会变得越来越智能，而且借助人工智能的进步，机器人还能完成很多人们梦寐以求的任务。

　　6）行动触发传感器。机器人采取行动触发传感器来收集数据，从而形成闭环，如图3-8所示。

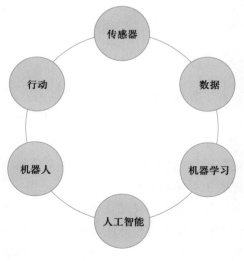

图3-8　行动触发

3.3 人工智能的基础——大数据

1. 数据采集

数据采集是指从传感器和其他待测设备等模拟和数字被测单元中自动采集非电量或者电量信号，送到上位机中进行分析及处理。进行一项人工智能相关研究的第一步，就是需要进行数据采集工作。处在当今数据爆炸式增长的时代，数据来源也呈现出多样化。例如进行一项医学图像检测人工智能项目，其数据来源可能来自医院影像科的原始病历，也可能来自于网络中公开的数据集。因此，学会如何收集研究工作所需要的数据是进行人工智能相关任务的首要前提。

笔 记

2. 数据标注

通常数据标注的类型包括图像标注、语音标注、文本标注、视频标注等。标注的基本形式有标注画框、3D 画框、文本转录、图像打点、目标物体轮廓线等。

（1）语音标注

常见的聊天软件中，通常都会有一个语音转文本的功能，这种功能的实现大多数人可能都会知道是由智能算法实现的，但是很少有人会想到，算法为什么能够识别这些语音呢，算法是如何变得如此智能的？

其实智能算法就像人的大脑一样，它需要进行学习，通过学习后它才能够对特定数据进行处理并反馈。正如对语音的识别，模型算法最初是无法直接识别语音内容的，而是经过人工对语音内容进行文本转录，将算法无法理解的语音内容转化成容易识别的文本内容，然后算法模型通过被转录后的文本内容进行识别并与相应的音频进行逻辑关联匹配。

语音标注主要分为语义快判和语音转写两大类。语义快判很简单，就是听一段语音并判断其意思，有点像做选择题，做起来也比较快。语音转写主要是把语音转化为文字，现在很多标注平台都有自动识别功能，不用纯手工打字，机器会识别一部分，只需要按要求检查和切分。

图 3-9 所示就是一个简单的语音标注的例子。

（2）图像和视频标注

众所周知，1 秒钟的视频包含 25 帧图像，每 1 帧都是 1 张图像。图像标注和视频标注按照数据标注的工作内容来分类，其实可以统一称为图像标注，因为视频也是由图像连续播放组成的。

现实应用场景中，常常应用到图像数据标注的有人脸识别以及自动驾驶车辆识别等。以自动驾驶为例，汽车在自动行驶的时候如何识别车辆、行人、障碍物、绿化带，甚至是天空呢？图像标注不同于语音标注，因为图像包括形态、目标点、结构划分，仅凭文

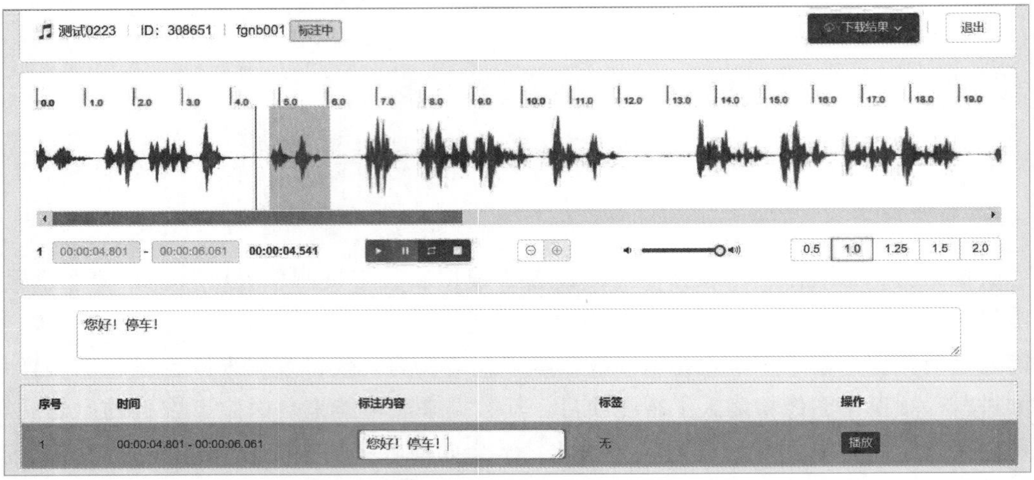

图 3-9   语音标注

字进行标记是无法满足数据需求的。因此，图形的数据标注需要相对复杂的过程，数据标注人员需要对不同的目标标记物用不同的颜色进行轮廓标记，然后对相应的轮廓打标签，用标签来概述轮廓内的内容，如图 3-10 所示。

图 3-10   图像标注

（3）文本标注

与文本标注相关的现实应用场景包括名片自动识别、证照识别等。文本标注和语音标注有些相似，都需要通过人工识别转录成文本的方式。图 3-11 所示为一个医学文本标

笔 记

注示例。

通过标注可以让模型知道如何去识别病例的每一个单词，并在大数据的训练基础下学习到一个词有哪些属性、有什么样的语境，从而推断该语句所表达的意思。

腰痛2年，伴左下肢放射痛10日余		
分词	属性	位置
腰	器官	主
痛	症状	谓
2	时间	宾
年	时间	宾
，	-	-
伴	-	-
左	方位	主
下	方位	主
肢	器官	主
放射	修饰属性	谓
痛	症状	谓
10	时间	宾
日	时间	宾
余	时间	宾

图 3-11　文本标注

3. 数据分析

（1）数据分析概述

数据分析是指用适当的统计分析方法对收集来的大量数据进行分析，提取有用信息形成结论，并对数据加以详细研究和概括总结的过程，这一过程也是质量管理体系的支持过程。在实际应用中，数据分析可帮助人们作出判断，以便采取适当行动。

（2）数据分析的历史发展

数据分析的数学基础在 20 世纪早期就已确立，但直到计算机的出现才使得实际操作成为可能，并使得数据分析得以推广。数据分析是数学与计算机科学相结合的产物。

在统计学领域，有些人将数据分析划分为描述性统计分析、探索性数据分析以及验证性数据分析；其中，探索性数据分析侧重于在数据之中发现新的特征，而验证性数据分析则侧重于已有假设的证实或证伪。

探索性数据分析是指为了形成值得假设的检验而对数据进行分析的一种方法，是对传统统计学假设检验手段的补充。该方法由美国著名统计学家约翰·图基（John Tukey）命名。

数据分析如图 3-12 所示。

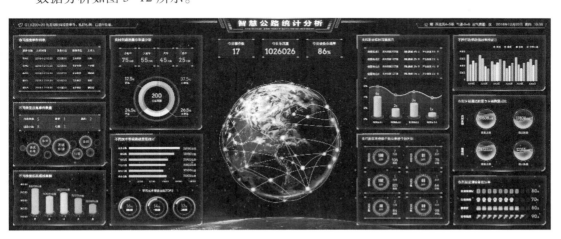

图 3-12　数据分析

（3）数据分析的步骤

探索性数据分析：当数据刚取得时，可能杂乱无章，看不出规律，通过作图、造表或用各种形式的方程拟合，计算某些特征量等手段探索规律性的可能形式，即往什么方向和用何种方式去寻找和揭示隐含在数据中的规律。

模型选定分析：在探索性分析的基础上提出一类或几类可能的模型，然后通过进一步的分析从中挑选一定的模型。

推断分析：通常使用数理统计方法对所定模型或估计的可靠程度和精确程度做出推断。

拓展阅读

与本章内容相关的更多知识，请参考本书配套教学资源中的拓展阅读。

练一练

　　将全班同学分组，每组 4~6 人，每小组推选一名同学为组长，负责与老师的联系。请各小组收集汇总以下问题答案：请简述你对"三要素"和"大数据"的理解，并列举生活实例。

第4章 了解人工智能的硬件技术

身处人工智能的变革时期,实现人工智能的硬件设备都在各自相应的领域中得到应用。下面对支持人工智能的 AI 芯片、服务器、传感器、5G 通信进行详细介绍,来揭开人工智能硬件技术的面纱。

教学目标

1)了解 AI 芯片。
2)了解服务器。
3)了解传感器。
4)了解 5G 通信。

PPT:4-1
了解人工智能的
硬件技术(1)

笔记

基本概念

AI 芯片:也称为 AI 加速器或计算卡,即专门用于处理人工智能应用中的大量计算任务的模块。

服务器:计算机的一种,比普通计算机运行更快、负载更高、价格更贵。

传感器:一种复杂的检测设备,能够感受规定的被测量信息,并能将感受到的信息按照一定规律转换成为电信号或其他所需形式的信息输出,以满足信息的传输、处理、存储、显示、记录和控制等要求。

5G 通信:新一代蜂窝移动通信技术,也是继 2G、3G 和 4G 通信系统之后的延伸。

小档案:强大的人工智能芯片

著名的围棋人工智能机器人 AlphaGo 装有 48 个 AI 芯片,但这些芯片并不是安装在 AlphaGo 里的,而是在云端工作。近几年,AI 技术的应用场景开始向移动设备转移。产业的需求促成了技术的进步,而 AI 芯片作为产业的根基,必须达到更好的性能、更高的效率、更小的体积，才能完成 AI 技术从云端到终端的转移，如图 4-1 所示。

图 4-1　围棋人机大战

4.1　AI 芯片与服务器

目前，AI 芯片的研发方向主要分两种：一是基于传统冯·诺依曼架构的现场可编程门阵列（Field Programmable Gate Array，FPGA）和专用集成电路（ASIC）芯片；二是模仿人脑神经元结构设计的类脑芯片。其中 FPGA 和 ASIC 芯片不管是研发还是应用，都已经形成一定规模；而类脑芯片虽然还处于研发初期，但具备很大潜力，可能在未来成为行业内的主流。

1. AI 芯片——GPU、FPGA 芯片和 ASIC 芯片

（1）GPU

2007 年以前，受限于当时算法和数据等因素，人工智能对芯片还没有特别强烈的需求，通用的 CPU 芯片即可提供足够的计算能力。之后由于高清视频和游戏产业的快速发展，图形处理器（GPU）芯片得以迅速发展。因为 GPU 有更多的逻辑运算单元用于处理数据，属于高并行结构，在处理图形数据和复杂算法方面比 CPU 更有优势，又因为深度学习的模型参数多、数据规模大、计算量大，此后一段时间内 GPU 代替了 CPU，成为当

微课 4-1
AI 芯片的
分类

时 AI 芯片的主流，如图 4-2 所示。然而 GPU 毕竟只是图形处理器，不是专门用于深度学习的芯片，自然存在不足，例如在执行人工智能应用时，其并行结构的性能无法充分发挥，导致能耗高。同时，人工智能技术的应用日益增长，在教育、医疗、无人驾驶等领域都能看到人工智能的身影，然而 GPU 芯片过高的能耗无法满足产业的需求。

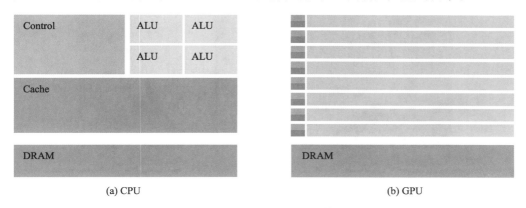

图 4-2　GPU 比 CPU 有更多的逻辑运算单元（ALU）

（2）FPGA 芯片

FPGA 是在 PAL、GAL、CPLD 等可编程器件的基础上进一步发展的产物。可以将 FPGA 芯片理解为"万能芯片"。用户通过烧录 FPGA 配置文件来定义这些门电路以及存储器之间的连线，用硬件描述语言（HDL）对 FPGA 芯片的硬件电路进行设计。每完成一次烧录，FPGA 芯片内部的硬件电路就有了确定的连接方式，具有了一定的功能，输入的数据只需要依次经过各个门电路，就可以得到输出结果。尽管叫作"万能芯片"，但 FPGA 芯片也不是没有缺陷，正因为其结构具有较高灵活性，其量产中单块芯片的成本比 ASIC 芯片要高，并且 FPGA 芯片在速度和能耗上相比 ASIC 芯片也做出了妥协。总而言之，FPGA 芯片虽然是个"多面手"，但其性能比不上 ASIC 芯片，价格也比后者更高。但是在芯片需求还未成规模、深度学习算法需要不断迭代改进的情况下，具备可重构特性的 FPGA 芯片适应性更强，因此用 FPGA 来实现半定制人工智能芯片，毫无疑问是保险的选择。

目前，FPGA 芯片市场的最主要厂商为 Xilinx 和 Altera 公司。有相关媒体统计，前者约占全球市场份额 50%、后者约占 35%，两家申请的专利达 6000 多项。Xilinx 的 FPGA 芯片如图 4-3 所示，从低端到高端可分为 4 个系列，分别是 Spartan、Artix、Kintex、Vertex，芯片工艺也从 45 nm~16 nm 不等。芯片工艺水平越高，芯片越小。其中，Spartan 和 Artix 主要针对民用市场，其应用包括无人驾驶、智能家居等；Kintex 和 Vertex 主要针对军用市场，应用包括国防、航空航天等。Altera 的主流 FPGA 芯片分为两大类，一种侧重低成本应用，容量中等，性能可以满足一般的应用需求，如 Cyclone 和 MAX 系列；还有一种侧重于高性能应用，容量大，性能能满足各类高端应用，如 Startix 和 Arria 系列。Altera 的 FPGA 芯片主要应用在消费电子、无线通信、军事航空等领域。

笔 记

图 4-3   Xilinx 的 Spartan 系列 FPGA 芯片

（3）ASIC 芯片

在人工智能产业应用大规模兴起之前，使用 FPGA 这类型的适合并行计算的通用芯片来实现加速，可以避免研发 ASIC 这种定制芯片的高投入和风险。由于通用芯片的设计初衷并非专门针对深度学习，因此 FPGA 芯片难免存在性能、功耗等方面的瓶颈。随着人工智能应用规模的扩大，这类问题将日益突出。换句话说，人们对人工智能所有的美好设想，都需要芯片追上人工智能迅速发展的步伐；如果芯片跟不上，就会成为人工智能发展的瓶颈。所以，随着近几年人工智能算法和应用领域的快速发展，以及研发上的成果和工艺上的逐渐成熟，ASIC 芯片正在成为人工智能计算芯片发展的主流。ASIC 芯片是针对特定需求而定制的专用芯片，虽然牺牲了通用性，但其无论是在性能、功耗还是体积上，都比 FPGA 芯片和 GPU 有优势，特别是在需要芯片同时具备高性能、低功耗、小体积的移动端设备上。但是，因为通用性低，ASIC 芯片的高研发成本也可能会带来高风险。如果考虑市场因素，ASIC 芯片其实是行业的发展大趋势。因为从服务器、计算机到无人驾驶汽车、无人机，再到智能家居的各类家电，海量的设备需要引入人工智能计算能力和感知交互能力。出于对实时性的要求以及训练数据隐私等考虑，这些能力不可能完全依赖云端，必须要有本地的软硬件基础平台支撑，而 ASIC 芯片高性能、低功耗、小体积的特点恰好能满足这些需求。

2016 年，英伟达公司发布了专门用于加速人工智能计算的 Tesla P100 芯片，如图 4-4 所示，并且在 2017 年升级为 Tesla V100。在训练超大型神经网络模型时，Tesla V100 芯片可以为深度学习相关的模型训练和推断应用提供高达 125 万亿次每秒的张量计算（张量计算是深度学习中最经常用到的计算）。然而在最高性能模式下，Tesla V100 芯片的功耗达到了 300 W，虽然性能强劲，但也毫无疑问是颗 "核弹"，因为太费电了。

加速深度学习的 TPU（Tensor Processing Unit）发布于 2016 年，如图 4-5 所示，并且之后升级为 TPU 2.0 和 TPU 3.0。与英伟达的芯片不同，TPU 设置在云端，算力达到 180

笔 记

图 4-4　英伟达 Tesla V100 芯片

万亿次每秒，并且功耗只有 200 W。

图 4-5　TPU

　　另外，初创企业也在激烈竞争 ASIC 芯片市场。2017 年，NovuMind 推出了第一款自主设计的 AI 芯片：NovuTensor，如图 4-6 所示。这款芯片使用原生张量处理器（Native

图 4-6　Novumind 的 NovuTensor 芯片

Tensor Processor）作为内核构架，并采用不同的异构计算模式来应对不同人工智能应用领域的三维张量计算。2018 年下半年，NovuMind 又推出了新一代 NovuTensor 芯片，这款芯片在做到每秒 15 万亿次计算的同时，全芯片功耗控制在 15 W 左右，效率极高。尽管 NovuTensor 芯片的纸面算力不如英伟达的芯片，但是其计算延迟和功耗却低得多，因此适合边缘端人工智能计算，也就是服务于物联网。根据相关报道，在运行 ResNet-18、ResNet-34、ResNet70、VGG16 等业界标准神经网络推理时，NovuTensor 芯片的吞吐量和延迟都要优于英伟达的另一款高端芯片 Xavier。

2. 类脑芯片

研制人工智能芯片的另一种思路是模仿人脑的结构。人脑内有上千亿个神经元，如图 4-7 所示，而且每个神经元都通过成千上万个突触与其他神经元相连，形成超级庞大的神经元回路，以分布式和并发式的方式传导信号，相当于超大规模的并行计算，因此算力极强。人脑的另一个特点，即不是大脑的每个部分都一直在工作，从而整体能耗很低。类脑芯片跟传统的冯·诺依曼架构不同，它的内存、CPU 和通信部件是完全集成在一起的，把数字处理器当作神经元，把内存作为突触。除此之外，在类脑芯片上，信息的处理完全在本地进行，而且由于本地处理的数据量并不大，传统计算机内存与 CPU 之间的瓶颈就不复存在了。同时，神经元只要接收到其他神经元发过来的脉冲，这些神经元就会同时做动作，因此神经元之间可以方便快捷地相互沟通。

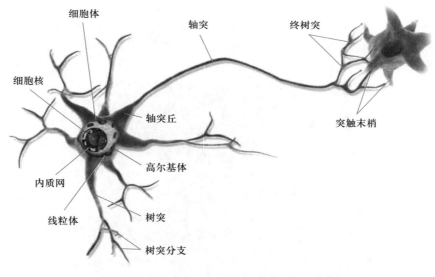

图 4-7　神经元结构

2014 年 IBM 公司发布了 TrueNorth 类脑芯片，这款芯片在直径只有几厘米的空间里，集成了 4096 个内核、100 万个"神经元"和 2.56 亿个"突触"，能耗只有不到 70 mW，可谓是高集成、低功耗。IBM 研究小组曾经利用做过 DARPA 的 NeoVision2Tower 数据集做过演示，TrueNorth 芯片能以每秒 30 帧的速度，实时识别出街景视频中的人、自行车、公交车、卡车等，准确率达到了 80%。相比之下，一台便携式计算机编程完成同样的任务用时要慢 100 倍，能耗却是类脑芯片的 1 万倍。

目前类脑芯片研制的挑战之一，是在硬件层面上模仿人脑中的神经突触，换言之就是设计完美的人造突触。在现有的类脑芯片中，通常用施加电压的方式来模拟神经元中的信息传输，但问题是由于大多数由非晶材料制成的人造突触中，离子通过的路径有无限种可能，难以预测离子究竟走哪一条路，造成不同神经元电流输出的差异。针对这个问题，MIT 的研究团队制造了一种类脑芯片，其中的人造突触由硅锗制成，每个突触约 25 nm。对每个突触施加电压时，所有突触都表现出几乎相同的离子流，突触之间的差异约为 4%，与无定形材料制成的突触相比，其性能更为一致。即便如此，类脑芯片距离人脑也还有相当大的距离，毕竟人脑里的神经元个数有上千亿个，而现在最先进的类脑芯片中的神经元也只有几百万个，连人脑的万分之一都不到。因此这类芯片的研究，离成为市场上可以大规模使用的成熟技术还有很长的路要走，但从长期来看类脑芯片有可能会带来计算体系的革命。

3. 服务器

服务器在网络中为其他客户机提供计算或者应用服务。它具有高速的 CPU 运算能力、长时间的可靠运行、强大的外部数据 I/O 吞吐能力以及更好的扩展性。然而传统的单纯以 CPU 为计算部件的服务器架构难以满足人工智能的需求，因此"CPU+"架构成为人工智能服务器的核心思路。其具有以下几个特点：

1）零部件质量较高。鉴于人工智能服务器本身就需要依靠复杂的内部系统才可以运作起来，所以好的服务器往往会在零部件的选择方面以高质量为基础，高性能的插槽、专业的显卡以及加速卡等零部件都可以满足高频度、高密度的计算机数据处理以及运作，这些零部件组合在一起就能够保证服务器的质量。

笔记

2）符号处理的效果好。人工智能服务器在逻辑运算方面会有较强的能力，主要是因为其符号处理的效果较好且能够在数据的处理中不断地积累下处理方法，这样就可以通过人工智能的思考而模拟出更加高级的逻辑，那么在面对大容量内存的计算机时便可以既吸收知识又输出知识，将固定的内容转化成可识别的符号。

3）涉及的研究范畴多样化。人工智能已经能够与多种行业契合，人工智能服务器也可以帮助到多个研究领域进行数据处理或是计算机的运作，数据科学、流体力学以及结构力学等领域能够用得上人工智能型的服务器，而生物信息学等跨领域的学科也可以采用这类的服务器。

4.2　传感器与 5G 通信

1. 传感器

传感器发展自 20 世纪 50 年代，共经历了 3 个主要发展阶段，从最原始的结构型传感器演变为固体传感器，直到最新的智能传感器，传感器技术也发生了翻天覆地的变化。与传感器技术共同发展的还有我国的传感器产业，近年来受益于物联网、智慧城市等热点的带动，我国传感器产业走上了发展的快车道。事实上，大多数的人工智能动作和应用场景都需要依靠合适的传感器来达成，可以说传感器就是人工智能技术发展的硬件基础，是人工智能与万物建立联系的必备条件。以自动驾驶为例，其核心是让车绕过人类感官与交通环境实现交互，这就极大地依赖雷达、视觉摄像头以及多种多样的传感器装置。又如之前在互联网大会上展示"唇语识别"的搜狗中文机器人"汪仔"，就是打破了思维定式，将语义识别的传感器改成了光学传感，用图像捕捉的信息判断语言的沟通，取得了非常好的效果。

2017 年 12 月底，工业和信息化部正式印发了《促进新一代人工智能产业发展三年行动计划（2018—2020）》，其中的重点内容是培育八项智能产品和破突四项核心基础，而智能传感器排在核心基础的第一位，处于最重要的位置，这也进一步肯定了智能传感器对于发展人工智能产业的重要意义。就目前国内传感器产业发展的现状来看，虽然经过多年的发展，我国已经拥有了一批具备一定规模和技术实力的企业，也有了一定的自主研发的创新成果，但依然存在一些问题。例如，核心制造技术相对滞后，创新产品少、结构不合理；产业链关键环节缺失，当前本土传感厂商还大多采用国外仿真工具，核心制造装备仍部分依赖进口；科研成果转化率及产业发展后劲不足，综合实力较低。针对我国传感器产业面临的这些问题，工信部出台的《智能传感器产业三年行动指南（2017—2019）》中明确规定了发展智能传感器的四大主要任务：一是补齐设计、制造关键环节短板，推进智能传感器向中高端升级；二是面向消费电子、汽车电子、工业控制、健康医疗等重点行业领域，开展智能传感器应用示范；三是建设智能传感器创新中心，进一步完善技术研发、标准、知识产权、检测及公共服务能力，助力产业创新发展；四是合理规划布局，进一步完善产业链，促进产业集聚发展。

随着全球进入信息时代，要获取大量人类感官无法直接获取的信息，就需要大量相适应的传感器。物联网提供了现成的传感器，为感知物质世界提供了更多有意义的途径，从而让人工智能"活了起来"。传感器给人工智能以"眼"去看世界，给它们一个"好耳朵"，赋予人工智能"对事物的敏锐触觉"。在很多方面，传感器都在赋予人工智能以"超人"的能力。

2. 5G 通信

（1）5G 的技术特点

5G 通过电磁波的方式进行通信，而电磁波有一个特点，即频率越高，波长越短；速率越快，传输能力越差，也就是传输速率和传播能力成相互制约的关系。如果纯粹追求速率的提升，那么理论上把电磁波的频率提高就可以了。但是会出现这么一种情况：之前 4G 网络覆盖只需要一个基站，但是换成 5G 信号之后，就可能需要 4 个或者以上的基站，如图 4-8 所示。

微课 4-3
5G 的技术特点

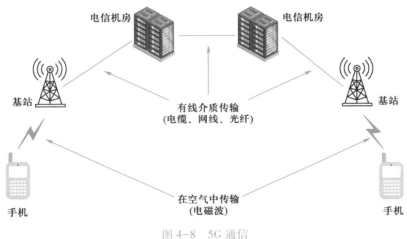

图 4-8　5G 通信

1）高速率。相对于 4G，5G 要解决的第一个问题就是高速率。网络传输速率提升，用户体验与感受才会有较大提高，网络才能在面对 VR/超高清业务时不受限制，对网络传输速率要求很高的业务才能被广泛推广和使用。因此，5G 第一个特点就是速率的提升。其实和每一代通信技术一样，确切说清 5G 的传输速率到底是多少是很难的，一方面峰值速率和用户的实际体验速率不一样，不同的技术或不同的时期速率也会不同。对于 5G 的基站峰值要求不低于 20 Gbit/s，当然这是峰值速率，不是每一个用户的体验速率。随着新技术的使用，这个速率还有提升的空间。这样一个速率意味着用户可以几秒钟就下载一部高清电影，也可能支持 VR 视频。这样的高速率给未来对速度有很高要求的业务提供了机会和可能。

2）泛在网。随着技术的不断发展，网络业务需求无所不包，广泛存在。泛在网有两个层面的含义：一是广泛覆盖，二是纵深覆盖。广泛是指在社会生活的各个地方，需要广覆盖，以前高山峡谷就不一定需要网络覆盖，因为生活的人很少，但是如果能覆盖 5G，可以大量部署传感器，进行环境、空气质量甚至地貌变化、地震的监测，这就非常有价值。5G 可以为更多这类应用提供网络。纵深是指在人们的生活中，虽然已经有网络部署，但是需要进入更高品质的深度覆盖。今天的家庭中已经有了 4G 网络，但是卫生间的网络

笔记

质量可能不是太好，很多地下车库则基本没信号。5G 网络可以广泛覆盖这些地区。一定程度上，泛在网比高速率还重要，只是建一个少数地方覆盖、速率很高的网络，并不能保证 5G 的服务与体验，而泛在网才是 5G 体验的一个根本保证。

3）低功耗。5G 要支持大规模物联网应用，就必须要对功耗有要求。近年来，可穿戴产品有了一定发展，但遇到很多瓶颈，其中最大的瓶颈就是体验较差。以智能手表为例，大部分产品需要每天充电，甚至一天就需要充好几次电。所有物联网产品都需要通信与能源，虽然今天的通信可以通过多种手段实现，但是能源的供应只能靠电池。通信过程若消耗大量的能源，就很难让物联网产品被用户广泛接受。如果能把功耗降下来，让大部分物联网产品一周充一次电，甚至一个月才需要充一次电，就能大大改善用户体验，促进物联网产品的快速普及。eMTC 全称是 LTE enhanced MTO，是基于 LTE（Long Term Evolution，长期演进）发展而成的物联网技术，为了更加适合物与物之间的通信，也为了更低的成本，对 LTE 协议进行了裁剪和优化。eMTC 基于蜂窝网络进行部署，其用户设备通过支持 1.4 MHz 的射频和基带带宽，可以直接接入现有的 LTE 网络。eMTC 支持上下行最大 1 Mbit/s 的峰值速率。而 NB-IoT（窄带物联网）构建于蜂窝网络，只消耗大约 180 kHz 的带宽，可直接部署于 GSM（全球移动通信系统，即 2G）网络、UMTS（通用移动通信系统，即 3G）网络或 LTE 网络，以降低部署成本、实现平滑升级。NB-IoT 其实基于 GSM 网络和 UMTS 网络就可以进行部署，它不需要和 5G 的核心技术那样需重新建设网络。虽然部署在 GSM 和 UMTS 的网络上，但它还是一个重新建设的网络，能大大降低功耗，也满足 5G 对于低功耗物联网应用场景的需要，和 eMTC 一样，是 5G 网络体系的一个组成部分。

4）低时延。5G 的新场景包括无人驾驶、工业自动化的高可靠连接等。人与人之间进行信息交流，140 ms 的时延是可以接受的，但是如果这个时延用于无人驾驶、工业自动化就无法接受了。5G 对于时延的最低要求是 1 ms 甚至更低，这就对网络提出苛刻的要求，而这些领域将速率的需求诉诸于 5G。无人驾驶汽车需要中央控制中心和汽车进行互联，车与车之间也应进行互联。在高速行动中，一个制动操作就需要瞬间把信息送到车上做出反应，而 100 ms 左右的时间车就会冲出好几米，因此需要在最短的时延中把信息送到车上，进行制动与车控反应。无人驾驶飞机更是如此。如数百架无人驾驶飞机编队飞行，一个极小的偏差就会导致碰撞和事故，这就需要在极小的时延中把信息传递给飞行中的无人驾驶飞机。工业自动化过程中，一个机械臂的操作，如果要做到极精细化，保证工作的高品质与精准性，也需要极小的时延让机器最及时地做出反应。这些特征，在传统的人与人通信甚至人与机器通信时，要求都不那么高，因为人的反应相较于人工智能是慢的，也不需要机器那么高的效率与精细化。而无论是无人驾驶飞机、无人驾驶汽车还是工业自动化，都是高速运行，还需要在高速中保证及时传递信息和及时反应，这就对时延提出了极高要求。要满足低时延的要求，需要在 5G 网络建构中找到各种办法以减少时延。边缘计算这样的技术也会被采用到 5G 的网络架构中。

笔记

（2）5G 的应用场景

负责制定 5G 标准的是"第三代合作伙伴计划组织"，简称 3GPP。它是一个标准化机构，目前有我国的 CCSA、欧洲的 ETSI、美国的 ATIS、日本的 TTC 和 ARIB、韩国的 TTA 以及印度的 TSDSI 作为其 7 个组织伙伴（OP）。5G 的好处体现在它有三大应用场景：增强型移动宽带、超可靠低时延和海量机器类通信。也就是说，5G 可以给用户带来更高的带宽速率、更低更可靠的时延和更大容量的网络连接。

1）5G 增强型移动宽带：具备更大的吞吐量、低时延以及更一致的体验。5G 增强型移动宽带主要体现在以下领域：3D 超高清视频远程呈现、可感知的互联网、超高清视频流传输、宽带光纤用户以及虚拟现实领域。

2）超可靠低时延：目前最常见的应用概念是自动驾驶。设想一下，如果没有 5G 网络的保证，谁敢使用自动驾驶？万一网络卡顿，车子就有可能开到沟里去了。

3）海量机器类通信：之所以说这是一个互联网的时代，主要就是基于人和人、人和物之间的通信，如上网购物、微信聊天等。在未来，5G 通信将能更好地服务于物联网时代。

拓展阅读

与本章内容相关的更多知识，请参考本书配套教学资源中的拓展阅读。

文本：拓展阅读

练一练

将全班同学分组，每组 4~6 人，每小组推选一名同学为组长，负责与老师的联系。请各小组收集汇总以下问题答案：5G 通信对你的生活有哪些改变？相比 4G，它还处在不断完善的阶段，在 4G 到 5G 的过渡中，你的生活遇到了哪些不便，请列举出来。

笔 记

第 5 章　了解人工智能的软件技术

通过本章的学习，读者可以了解人工智能领域的核心算法、机器学习、深度学习、AI 平台、Python 语言基础等知识。通过对人工智能中软件技术的相关知识的学习，读者可以认识和理解人工智能产业的基础构成。

PPT：5-1 了解人工智能的软件技术(1)

笔记

教学目标

1）理解并掌握监督学习、无监督学习和强化学习。
2）掌握深度学习的概念与优点。
3）了解 AI 平台的分类。
4）了解 Python 语言的特点及编程思维。

基本概念

机器学习：是利用数据或以往的经验，以此优化计算机程序的性能标准。

深度学习：源于人工神经网络的研究，含多个隐藏层的多层感知器就是一种深度学习结构。

小档案：新媒体中的人工智能

波普艺术家安迪·沃霍尔曾断言：在未来社会，每个人都有机会用 15 分钟成名。但生活在 20 世纪 60 年代的沃霍尔却没料到抖音的诞生——只需要 15 秒，这款吸引人的短视频分享应用程序就能让一个普通人成为大众的焦点。截至 2019 年 11 月，抖音海外版 Tiktok 在全球范围的下载量约为 15 亿次，相比其他主要社交媒体平台，这款短视频应用程序无疑更为吸引眼球。

抖音成功的秘诀，其实就是人工智能驱动的推荐算法——可以根据用户的喜好准确推荐合适的内容。

5.1 认识人工智能核心算法

微课 5-1
人工智能
常用算法

算法是计算机的"灵魂",起源于 20 世纪 50 年代的智能算法,经过 60 多年的发展,逐渐实现机器学习以及深度学习两大算法技术。

机器学习是实现人工智能的方法,机器学习算法是一种从数据中自动分析以获得规律并利用规律对未知数据进行预测的算法。因为学习算法中涉及了大量的统计学理论,机器学习与推断统计学联系尤为密切,因此也被称为统计学习理论。在算法设计方面,机器学习理论关注可以实现的、行之有效的学习算法。很多推论问题属于无程序可循的难度,所以机器学习中有一部分研究是开发容易处理的近似算法。

深度学习是实现机器学习的技术,是机器学习中一种基于对数据进行表征学习的方法。观测值(如一幅图像)可以使用多种方式来表示,如每个像素强度值的向量,或者更抽象地表示成系列边、特定形状的区域等。而使用某些特定的表示方法更容易从实例中学习任务(如人脸识别或面部表情识别)。深度学习的好处是用非监督式或半监督式的特征学习和分层特征提取高效算法来替代手工获取特征,如图 5-1 所示。

图 5-1 人工智能、机器学习以及深度学习的涵盖范围

1. 人工智能的常用经典算法及应用

人工智能算法按照模型训练方式的不同,可以分为监督学习、无监督学习、半监督学习和强化学习四大类。

（1）监督学习

在监督学习模式下,输入的数据被称为"训练数据",每组训练数据有一个明确的标识或结果,如防垃圾邮件系统中"垃圾邮件"和"非垃圾邮件",或者手写数字识别中的"1""2""3""4"等,如图 5-2 所示。在建立预测模型的时候,监督学习建立一个学习过程,将预测结果与"训练数据"的实际结果进行比较,不断地调整预测模型,直到模型的预测结果达到一个预期的准确率。监督学习的常见应用场景包括分类问题和回归问题等,常见算法有逻辑回归（Logistic Regression）和反向传递神经网络（Back Propagation Neural Network）。

图 5-2   监督学习

（2）无监督学习

在无监督学习模式中，数据并不被特别标识，学习模型是为了推断出数据的一些内在结构，如图 5-3 所示。无监督学习的常见应用场景包括关联规则的学习以及聚类等，常见的算法包括 Apriori 算法以及 k-Means 算法。

笔 记

图 5-3   无监督学习

在企业数据应用的场景下，最常用的可能是监督学习和无监督学习模型。

（3）半监督学习

在半监督学习模式下，输入数据部分被标识，部分没有被标识。这种学习模型可以用来进行预测，但是模型首先需要学习数据的内在结构以便合理地组织数据来进行预测。半监督学习的应用场景包括分类和回归，算法包括一些对常用监督学习算法的延伸，这些算法首先试图对未标识数据进行建模，在此基础上再对标识的数据进行预测，如图论推理算法（Graph Inference）或者拉普拉斯支持向量机（Laplacian SVM）等。

在图像识别等领域，由于存在大量的非标识数据和少量的可标识数据，目前半监督学习是一个很热门的话题。

（4）强化学习

在强化学习模式下，输入数据作为对模型的反馈。不像监督模型中输入数据仅仅是作为一个检查模型对错的方式，在强化学习下，输入数据直接反馈到模型，模型必须对此立刻做出调整，如图5-4所示。强化学习的常见应用场景包括动态系统以及机器人控制等，常见算法包括 Q-Learning 以及时间差学习（Temporal Difference Learning）。

图 5-4　强化学习

强化学习更多地应用在机器人控制及其他需要进行系统控制的领域。

2. 人工智能算法的应用

算法的适用场景需要考虑的因素包括数据量的大小、数据质量和数据本身的特点，机器学习要解决的具体业务场景中问题的本质是什么，可以接受的计算时间是多少以及算法精度要求。有了算法和被训练的数据（经过预处理过的数据），那么多次训练并经过模型评估和算法人员调参后，就会获得训练模型。当新的数据输入后，训练模型就会给出结果。

5.2　从机器学习到深度学习

1. 机器学习

20 世纪 50 年代是人工智能发展的"推理期"，人们通过赋予机器逻辑推理能力使其

笔 记

微课 5-2
机器学习

获得智能，但是结果不尽如人意：当时的人工智能能够证明一些著名的数学定理，但是由于缺乏使机器具备知识的手段，所以当时的机器远不能实现真正的智能。

20 世纪 70 年代，人工智能进入"知识期"，人们将自身的知识总结出来并教给机器，以此使机器获得智能。这个时期诞生了大量的专家系统，在很多领域也取得了大量成果，但是由于人类的知识量巨大，这一过程不久也遇到了发展瓶颈。

也就在此时，机器学习方法应运而生，人工智能也随即进入"机器学习时期"。这个时期的人工智能普遍通过学习来获得进行预测和判断的能力，也就是在数据上进行分析，进而得出规律，并利用规律来对未知数据进行预测，这也成为人工智能的主流方法。通俗地讲，机器学习就是给出一定的算法，让机器自己进行学习。

"机器学习时期"也分为 3 个阶段：20 世纪 80 年代，连接主义较为流行，代表方法有感知机（Perceptron）和神经网络（Neural Network）；20 世纪 90 年代，统计学习方法开始成为主流，代表方法有支持向量机（Support Vector Machine）；到了 21 世纪，深度神经网络被提出，随着大数据的不断发展和算力的不断提升，以深度学习（Deep Learning）为基础的诸多人工智能应用逐渐成熟。

机器学习是一个难度较大的研究领域，它与认知科学、神经心理学、逻辑学等学科都有着密切的联系，并对人工智能的其他分支，如专家系统、自然语言理解、自动推理、智能机器人、计算机视觉、计算机听觉等也起到了重要的推动作用。

基于互联网技术的快速发展，机器学习也得到了充分发展的空间。有了机器学习，早期面临的最大难题——自然语言处理问题也迎刃而解。计算机利用各种各样的分类方法和人工神经网络，已经能够对很多未知事物进行判断，人工智能也不再只是满足科学家的求知欲和工业生产需求，它开始步入人类的日常生活。

笔 记

2. 深度学习

（1）初识深度学习

在计算机视觉领域发展的初期，人们手工设计了各种有效的图像特征，这些特征可以描述图像的颜色、边缘、纹理等基本性质，结合机器学习技术，能解决物体识别和物体检测等实际问题。但是随着机器学习领域的成果越来越多，特征工程的弱点日渐明显。《人工智能狂潮》一书中提到：方法有各种各样的，但是制作好的特征量是难度最大的工作，而这件事情只能靠人来完成。继自然语言处理之后，如何让计算机去选择合适的特征量成为人工智能发展需要克服的又一道难题。深度学习与机器学习、人工智能的关系如图 5-5 所示。

深度学习的概念源于对人工神经网络的研究，含多隐层的多层感知器就是一种深度学习结构。深度学习通过组合底层特征形成更加抽象的高层表示属性类别或特征，以发现数据的分布式特征表示。深度学习的概念由 Hinton 等人于 2006 年提出：基于深度置信网络（DBN）提出无监督贪心逐层训练算法，为解决深层结构相关的优化难题带来希望，随后又提出多层自动编码器深层结构。此外，LeCun 等人提出的卷积神经网络也是第一个

图 5-5　深度学习与机器学习、人工智能的关系

真正多层结构学习算法，它利用空间相对关系减少参数数目以提高训练性能。

　　一般来说，典型的深度学习模型是指具有"多隐层"的神经网络，如图 5-6 所示。这里的"多隐层"代表有 3 个以上隐层，深度学习模型通常有 8~9 层甚至更多隐层。隐层多了，相应的神经元连接权、阈值等参数就会更多，这意味着深度学习模型可以自动提取很多复杂的特征。过去在设计复杂模型时会遇到训练效率低、易陷入过拟合的问题，但随着云计算、大数据时代的到来，海量的训练数据配合逐层预训练和误差逆传播微调的方法，让模型训练效率大幅提高，同时降低了过拟合的风险。相比而言，传统的机器学习算法很难对原始数据进行处理，通常需要人为从原始数据中提取特征，这需要系统设计者对原始的数据有相当专业的认识。

笔记

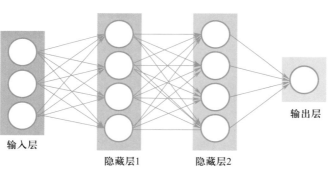

图 5-6　多隐层的神经网络模型

输入层　　隐藏层1　　隐藏层2　　输出层

　　在获得了比较好的特征表示后，就需要设计一个对应的分类器，使用相应的特征对问题进行分类。深度学习是一种自动提取特征的学习算法，通过多层次的非线性变换，它可以将初始的"底层"特征表示转化为"高层"特征表示后，用"简单模型"即可完成复杂的分类学习任务。

综上所述，深度学习和传统机器学习相比，有以下 3 个优点：

1）高效性。例如用传统算法去评估一个棋局的优劣，可能需要专业的棋手花大量的时间去研究影响棋局的每一个因素，而且还不一定准确；而利用深度学习技术只要设计好网络框架，就不需要考虑烦琐的特征提取的过程。

2）可塑性。在利用传统算法去解决一个问题时，调整模型的代价可能是把代码重新写一遍，这使得改进的成本巨大；而深度学习只需要调整参数，就能改变模型，这使得它具有很强的灵活性和成长性，一个程序可以持续改进，然后达到接近完美的程度。

3）普适性。神经网络是通过学习来解决问题，可以根据问题自动建立模型，所以能够适用于各种问题，而不是局限于某个固定的问题。

经过多年的发展，深度学习理论中包含了许多不同的深度网络模型，如经典的深层神经网络（Deep Neural Network，DNN）、深层置信网络（Deep Belief Networks，DBN）、卷积神经网络（Convolutional Neural Network，CNN）、深层玻尔兹曼机（Deep Boltzmann Machines，DBM）、循环神经网络（Recurrent Neural Network，RNN）等，都属于人工神经网络。不同结构的网络适用于处理不同的数据类型，如卷积神经网络适用于图像处理、循环神经网络适用于语音识别等。同时，这些网络还有一些不同的变种。

（2）深度学习能解决的问题

深度学习具有解决广泛问题的能力，因为其拥有自动学习数据中的重要特征信息的能力。此外，深度学习具备很强的非线性建模能力，因为众多复杂问题本质上都是高度非线性的，而深度学习实现了从输入到输出的非线性变换，这也是深度学习在众多复杂问题上取得突破的重要原因之一，如图 5-7 所示。

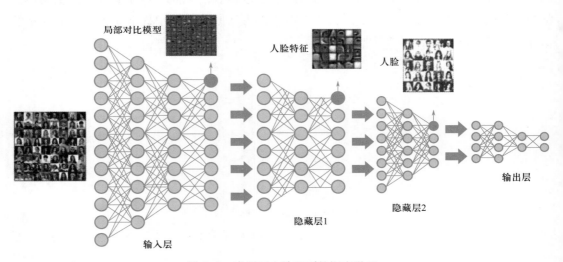

图 5-7   应用于人脸识别的深度学习

分类和回归是人工智能以及机器学习中两个基础性的研究问题。分类任务希望能够自动识别某种数据的类别。输入的是样本，输出的是样本应该属于的类别。首先通过已有的数据、已经标记的分类，通过训练得到可用的分类器模型，然后通过模型预测新输入数据的类别，如针对不同类别动物的图像进行分类。例如，首先为每种动物照片指定特定的标签，如飞机、车、鹿等，然后通过图像分类的算法建立一个分类模型。针对新的照片，分类器可以通过这个模型输出对应的标签。

回归与分类相似，但是输出需要是连续的数据，根据特定的输入向量预测其指标值。例如，历史股票的时间—价格信息，价格是连续数据，通过数据训练回归模型，最终将未来的时间信息输入到训练好的回归模型，回归模型能够预测未来时间点的价格。

深度神经网络（图 5-8）能够灵活地对分类或回归问题进行建模和分析，这依赖于其对特征的自动提取。例如，可以通过卷积层来表达空间相关性，通过循环神经网络表达序列数据的时间连续性。另一个实例就是 Word2Vec，通过浅层神经网络可以将单词转换为向量表示。

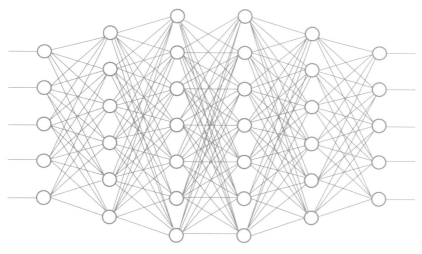

图 5-8　深度神经网络

根据问题和数据的潜在特性，研究人员设计深度学习网络结构如何从输入到输出逐步提取对预测有影响的信息，进而将不同的网络组件组织连接起来。随着大数据的增长、计算力的提升以及算法模型的进化，深度神经网络模型的复杂度也变得越来越高，这表现为深度与广度两方面的扩展。

（3）深度学习适用的领域

深度学习研究及应用的一个目标是算法及网络结构尽量能够处理各种任务，而深度学习的现状是在各个应用领域仍然需要结合领域知识和数据特性进行一定结构的设计。例如，自然语言处理任务的每一个输入特征都需要对大量的词、句等进行建模，并考虑语句中词汇之间的时间顺序。计算机视觉中的任务对每一个样本都需要处理大量的图像像素输入，并结合图像局部性等特性设计网络结构。下面介绍深度学习中的几个常见的适用领域。

笔 记

1）计算机视觉。计算机视觉（Computer Vision）就是深度学习应用中的重要研究方向之一，是解决如何使机器"看"这个问题的工程学。视觉观察对人类以及许多动物来说毫不费力，但是对计算机来说这个任务却充满了挑战。深度学习中有许多针对计算机视觉的细分研究和应用方向，如图像识别、物体检测、人脸识别、OCR 等。

通过以下几个计算机视觉的典型问题和应用，可以快速了解计算机视觉能够解决的问题。

图像识别问题的输入是一张图片，输出图片中要识别的物体类别。自从 2012 年以来，卷积神经网络和其他深度学习技术就已经占据了图像识别的主流地位。在图像识别领域有一些公开的数据集和竞赛驱动着整体技术的发展。

物体检测问题的输入是一张图片，输出的是待检测物体的类别和所在位置的坐标，通过深度学习方式可以解决。有的研究方法将问题建模为分类问题，有的将其建模为回归问题。物体检测可以识别图像中的人、车、狗等，如图 5-9 所示。

图 5-9　图像识别出人、车、狗

人脸识别又可以细分为很多子问题，例如，人脸检测是将一张图片中的人脸位置识别出来，人脸校准是将图片中人脸更细粒度的五官位置找出来。人脸识别是给定一张图片，检测数据库中与之最相似的人脸，如图 5-10 所示。

从早期的通用扫描文档识别，到银行卡、身份证、票据等证件识别以及车牌识别，则都属于 OCR。

2）语音识别。工业界和学术界掀起的深度学习浪潮在语音识别领域取得了巨大的成功。循环神经网络模型充分考虑了语音之间的相互关系，因此取得了更好的效果。深度学习在语音识别中的作用很大一部分表现在特征提取上，可以将其看成是一个更复杂的特征提取器。当然深度学习的作用不仅仅是特征提取，还逐渐涌现出了基于深度学习的端到端的解决方案，如图 5-11 所示。

图 5-10 人脸识别系统

图 5-11 语音识别在生活中的应用

3）自然语言处理。深度学习在自然语言处理中的应用越来越广泛，从底层的分词、语言模型、句法分析等到高层的对话管理、知识问答、聊天、机器翻译等方面几乎全部都有深度学习模型的身影，并且取得了不错的效果。

4）自动驾驶。自动驾驶也是这几年逐渐应用深度学习进行开发的一个重要领域。自动驾驶的人工智能包含了感知、决策和控制等流程和模块。感知是指通过摄像头、激光雷达等传感器的输入解析出周围环境的信息，例如有哪些障碍物、障碍物的速度和距离、道路的宽度和曲率等；决策是根据感知信息判断如何进行下一步的行进规划，控制是将决策信息作用于实车。自动驾驶中又包含了很多细分子问题，如道路与车道线的检测、前车检测、行人检测和防撞系统，以及端到端的自动驾驶模型等，如图 5-12 所示。

图 5-12　自动驾驶

5.3　AI 平台

PPT：5-2
了解人工智能
的软件技术(2)

　　AI 平台是一类特殊的人工智能产品，通过集成相关算法和数据，为开发者提供相对自由的基础训练模型，并提供自然语言处理、图像识别、VR 等相关领域的 SDK 开发包，为各行业定制专用解决方案。AI 平台提供业务到产品、数据到模型、端到端，线上化的人工智能应用解决方案。用户能够在 AI 平台使用不同的深度学习框架进行大规模的训练，对数据集和模型进行管理和迭代，同时通过 API 和本地部署等方式接入到具体业务场景中使用。

　　使用 AI 平台，开发人员能够简化数据预处理和管理、模型训练和部署等烦琐的代码操作，加快算法开发效率，提高产品的迭代周期。另外，通过 AI 平台可以整合计算资源、数据资源、模型资源，方便使用者对不同资源进行复用和调度。开放 AI 平台后也能有效地进行商业化，对企业所处领域的人工智能业务生态环境有一定的推动和反馈。比较常见的 AI 平台有海康威视 AI 开放平台、华为 ModelArts、阿里云 PAI、百度 Paddle Paddle、腾讯 DI-X 深度学习平台、金山云人工智能平台、京东 JDAINeuFoundry、小米 Cloud-ML 平台等。

　　AI 平台不仅需要提供人工智能开发流程所需基础技能，还需要针对不同的用户（产品经理、运营人员、算法工程师等）、不同的客户（大企业、中小企业、传统企业、科技企业等）提供对应所需服务。AI 平台按能力可以分为以下 5 大类。

微课 5-3
AI 平台介绍

　　1）数据能力：数据获取、数据预处理（ETL）、数据集管理、数据标注、数据增强等。

　　2）模型能力：模型管理、模型训练、模型验证、模型部署、模型处理、模型详情等。

　　3）算法能力：支持各种算法、深度学习、数据运算处理框架、预置模型、算法调用、对算法组合操作等。

4）部署能力：多重部署方式、在线部署、私有化部署、边缘端部署、灰度/增量/全量部署等。

5）其他能力：人工智能服务市场、工单客服、权限管理、工作流可视化等。

5.4　Python 基础

1. 初识 Python

Python 的拥有者 Python Software Foundation（PSF）是一家非营利性组织，致力于保护 Python 开放、开源和发展。Python 的标志如图 5-13 所示。

图 5-13　Python 的标志

Python 是一个由程序员 Guido van Rossum（图 5-14）领导设计并开发的编程语言。1989 年圣诞节假期，Guido 正在荷兰的阿姆斯特丹度假，为了打发假期的时间，他设计了一种编程语言，即后来诞生的 Python。2002 年 Python 发表了 2.0 版本，2008 年又发表了 3.0 版本。Guido 在发表 3.0 版本时决定采用了与 2.0 版本不兼容的方式，这使得许多用 Python 2.0 编写的程序无法在 Python 3.0 的环境下运行。Python 的发展在 2008—2015 年期间遇到了一定的瓶颈，但与此同时，也奠定了 Python 进一步大发展的基础。现如今所有 Python 主流的最重要的程序库都运行在 Python 3.0 上，而大多数程序员都在使用 Python 3.0 编程。

图 5-14　Python 之父 Guido

目前，Python 已经广泛应用到火星探测、搜索引擎、引力波分析等众多科学技术以及与人们生活相关的开发领域。可以说，在现在的信息系统中，Python 已经无处不在。

（1）Python 的特点

Python 是一种简洁且富有效率的面向对象的计算机编程语言。简洁是指其代码风格，即 Python 的设计哲学是优雅、明确和简单，具有更好的可读性。面向对象是指 Python 在设计时以对象为核心的，其中的函数、模块、数字、字符串都是对象，有益于增强源代码的复用性。Python 的通用性是其最大的特点，即 Python 并不局限于某一门类的应用：不管是图形计算，还是想解决一个操作系统文件处理的问题，还是希望发现一个引力波，都可以用 Python 实现。

（2）Python 的优势

1）强制可读性：通过缩进实现的强制可读性使得程序更加整洁、漂亮。

2）较少的底层语法元素：不需要去操作内存及低级的接口，因此编写的程序更加简单和容易。

3）支持多种编程方式。

4）支持中文字符的处理。

通过简洁的语法即可完成复杂的功能，这是 Python 最大的特点。一般而言，Python 程序的代码量不到 C 语言代码量的 10%。简短的代码可以带来非常短的编程时间、非常少的调试工作量以及非常好的维护体验。

生态高产是 Python 的另外一个重要特点。Python 有额外超过 13 万个第三方库，这些库是由全球的工程师、爱好者在工作中逐渐建立的。这些库开源、开放，所有人都可以使用这些资源，而且第三方库仍在以平均每年两万个的规模快速增加。

2. Python 基础语法

（1）程序的格式框架

1）缩进。缩进是指每行语句前的空白区域，用来表示 Python 程序间的包含和层次关系。代码的缩进表现了程序的基本框架，缩进是语法的一部分，缩进不同有可能程序运行的结果也会发生改变。缩进可分为单层缩进和多层缩进。

一般语句不需要缩进，顶行书写且不留空白。当表示分支、循环、函数、类等含义时，在 if、while、for、def、class 等保留字所在的完整语句后通过英文冒号（:）结尾，并在之后进行缩进，表示前后代码之间的从属关系。代码编写中，缩进可以用 Tab 键实现，也可以用 4 个空格实现。

缩进错误：若程序执行过程中，出现 unexpected indent 错误提示，则说明缩进不匹配，需要查看所有缩进是否一致，以及错用缩进的情况。

2）注释。注释是代码中的辅助性文字，会被编译器或者解释器略去，不会被执行，一般用于编写者对代码的说明，如标明代码的原理和用途、作者和版权，或注释单行代码用于辅助程序调试（初学的过程中，测试某行代码的功能）。注释也有利于体现程序的结构。

在 Python 中，注释可以分为单行注释和多行注释。单行注释用"#"表示一行注释的开始，多行注释需要在第 1 行的开头和最后一行的结尾使用 3 个单引号或双引号做标记。

（2）语法元素的名称

1）变量。变量即程序中用于保存和表示数据的占位符号，是一种语法元素。变量的值可以通过赋值（＝）的方式修改。例如：

```
>>> a＝99
>>> a＝a+1
>>> print(a)
100
```

2）命名。变量的命名规则如下：Python 采用大写字、小写字母、数字、下画线、汉字等字符进行组合命名，如 NumberList、Student_Name、variable1 等。

注意：① 首字符不能是数字，如 123Python 是不合法的；② 标识符不能出现空格；③ 标识符不能与 Python 保留字相同；④ 对大小写敏感，如 Python 和 python 是不同变量。

3）保留字。Python 3.0 中的保留字一共有 33 个，这些关键字对大小写是敏感的，同一个字的大小写就有不同的意义。如 if 是关键字而 If 则是变量名。关键字见表 5-1。

表 5-1　Python 中的关键字

and	elif	import	raise	global
as	else	in	return	nonlocal
assert	except	is	try	True
break	finally	lambda	while	False
class	for	not	with	None
continue	from	or	yield	async
def	if	pass	del	await

注意：True、False、None 的第 1 个字母要大写。

（3）数据类型

1）数字类型。常见的数字类型有浮点数、整数和复数。其中，浮点数即为数学中的实数。需要指出的是，程序设计语言不允许存在语法歧义，在进行计算之前必须要定义数据的形式。

2）字符串类型。字符串即字符的序列，在 Python 中采用一对双引号或者一对单引号括起来的一个或多个字符表示。双引号和单引号的作用相同。例如，"123"表示字符串 123，而 123 则表示数字 123。

3）列表类型。在 Python 中常用中括号来标记一个列表，表示数据组合在一起的产物。例如，['1','2','3']表示 3 个数据类型为字符串放在一起所组成的列表（List）。

笔 记

（4）函数

1）input（）函数。input（）函数从控制台获得用户的一行输入，无论用户输入什么内容，input（）函数都以字符串类型返回结果。input（）函数可以包含一些提示性的文字，用来提示用户，同时也可以将用户输入的内容存进一个变量里边，语法如下：

【变量】＝input（【提示性文字】）

例如：

```
>>> a＝input（"请输入:"）
请输入:12
>>> print（a）
12
```

注意：input（）函数的提示性文字是可选的，且不具备对输入判断的强制性，程序可以不设置提示性文字而直接使用 input（）获取输入。

2）print（）函数。print（）函数用于输出字符串，例如：

```
>>> print（"你好呀!"）
你好呀!
```

或者，输出一个或多个变量，例如：

```
>>> a＝765
>>> print（a,a * 19,a * 3）
765 14535 2295
```

也可以混合输出字符串与变量，语法如下：

print（【输出字符串的模板】. format（【变量 1】,【变量 2】,…））

其中，【输入字符串模板】中采用 ｛｝ 表示一个槽的位置，每个槽中对应 . format（）中的变量。例如：

```
for j in range（1, 10）:
        for i in range（1, j + 1）:
                print（"｛｝ * ｛｝＝｛:>2｝". format（i, j, j * i）, end＝"   "）
        print（）
```

对 print（）函数的 end 参数进行修改，可以改变输入文本的结尾。print（）函数结尾默认为换行符。如果改变结尾字符，则输出时没有换行。语法如下：

print（【待输出的内容】,end＝"【结尾】"）

例如：

```
>>> a＝28
```

```
>>> print(a,end=".")
>>> print(a,end="%")
28.28%
```

3）eval()函数。eval()函数用于去掉字符串最外侧的引号，并按照 Python 语句方式执行去掉引号后的字符内容。语法如下：

【变量】=eval(【字符串】)

注意：当 eval()函数处理字符串"Python"时，字符串去掉引号后，Python 语句将其解释为一个变量。当 eval()函数处理字符串"'Python'"时，去掉外侧引号后，'Python'被解释为字符串。

eval()函数常与 input()函数一起使用，用来获取用户输入的数字（小数或负数）。语法如下：

【变量】=eval(input(【提示性文字】))

3. Python 的基础逻辑语句

（1）赋值语句（变量、对象、赋值运算符）

赋值语句是对变量进行赋值（用赋值符号" ="连接）的一行代码。Python 中常用的赋值语句见表5-2。

表 5-2　Python 中常用的赋值语句

语　　句	语　　义
a = 10	为一个变量赋值
a=b=10	同时为多个变量赋值，a = 10，b = 10
a,b,c='abc'	拆解序列，要一一对应
a,b='abc',[1,2,3]	各自赋值，a = 'abc',b = [1,2,3]

（2）条件判断语句（if-elif-else 语句）

条件控制是通过条件语句来实现的。条件语句可以用来判断给定的条件是否满足（表达式值是否为0），并根据判断的结果（真或假）决定执行的语句。

（3）循环语句（遍历循环 for-in-else、条件循环 while-else、break/continue）

一般而言，Python 中有3种循环，见表5-3。

表 5-3　Python 中常用的 3 种循环

while 循环	在给定的判断条件为 true 时执行循环体，否则退出循环体
for 循环	重复执行语句
嵌套循环	可以在 while 循环体中嵌套 for 循环

笔 记

循环控制语句可以更改语句执行的顺序。Python 支持的循环控制语句见表 5-4。

表 5-4　Python 支持的循环控制语句

break 语句	用于终止当前循环，并且跳出整个循环体。如果有循环嵌套时，不会跳出嵌套的外重循环
continue 语句	用于终止当前循环，跳出该次循环，即跳过当前剩余要执行的代码，执行下一次循环
pass 语句	pass 是空语句，是为了保持程序结构的完整性

拓展阅读

与本章内容相关的更多知识，请参考本书配套教学资源中的拓展阅读。

练一练

将全班同学分组，每组 4~6 人，每小组推选一名同学为组长，负责与老师的联系。请各小组收集汇总以下问题答案：你知道的有关计算机视觉、语音识别、自然语言处理、自动驾驶在现实生活中的应用都有哪些？结合自己的体验来说说这些技术给我们带来了哪些便利。

第6章　了解人工智能的产业发展

通过本章的学习，读者可以掌握人工智能产业的相关概念，了解我国人工智能产业发展现状、特点及面临的挑战。

教学目标

PPT：6-1
了解人工智能的
产业发展

1）了解人工智能产业的概念。

2）了解我国人工智能产业发展的特点。

3）了解我国人工智能产业发展所面临的挑战。

基本概念

笔 记

大数据：无法在一定时间范围内用常规软件工具进行捕捉、管理和处理的数据集合，是需要具有更强的决策力、洞察发现力和流程优化能力的新处理模式才能处理的海量、高增长率和多样化的信息数据集。

云计算：通过网络"云"将庞大的数据计算处理程序分解成无数个小程序，然后，通过多台服务器组成的系统处理和分析这些小程序，并将得到的结果返回给用户。

小档案：人工智能推动产业发展

有人说，人工智能是继蒸汽机、电力、互联网之后最有可能带来新的产业革命浪潮的技术。根据相关咨询公司的预测，到2035年，人工智能有望推动我国劳动生产率提高27%，拉动我国年经济增长率提升1.6%。

6.1 人工智能产业概述

微课 6-1
人工智能
产业介绍

　　人工智能致力于促使机器"像人一样思考、像人一样行动、理性地思考以及理性地行动"，以推动社会各领域的创新变革与快速发展。

　　目前，我国移动支付普及率居于全球领先水平，而在大量的应用背后，是人工智能技术的支撑，如刷脸支付、人工智能客服等。人工智能目前取得的成果离不开先进的算法、海量的数据和硬件运算能力。大数据为提高机器的智能水平发挥了重要作用，它是人工智能进步的"养料"，是人工智能大厦构建的重要基础。作为新的产业变革的核心力量，人工智能正在重塑人们的生产、生活等方方面面，新业务、新模式和新产品也在不断涌现。从医疗教育到智慧城市，从智慧出行到智能制造，人工智能技术在各个领域都得到了不同程度的融合和应用。同时，人工智能也具有强大的经济辐射能力。

　　目前，全球人工智能产业正在逐步成型，可以将其划分为 3 层，分别为基础层、技术层和应用层，如图 6-1 所示。

图 6-1　人工智能产业层次划分

　　基础层主要包括硬件（芯片、传感器）、系统技术（大数据、云计算）以及数据和算法模型。

　　技术层为应用层提供人工智能相关技术支撑，包括各种应用算法的研发。随着计算机视觉、图像识别、自然语言处理等技术的快速发展和来自各个不同行业的产业需求，人工智能广泛地渗透到各行业。

笔记

应用层主要是在各个不同行业的产业应用，包括制造业、建筑业、物流业、教育、医疗、种植、畜牧等多个领域。从人工智能应用领域企业融资额的分布看，智慧零售、新媒体和数字内容、智慧金融类应用领域的融资额最高，占比分别为 18.37%、15.96% 和 15.94%。除此以外，关键技术研发和应用平台、智慧交通、智能硬件融资额占比在 5% 以上，属于占比较高的应用领域。

通过对大数据的学习，机器判断处理能力不断上升，智能水平也会不断提高。2018年，我国大数据产业呈现健康快速的发展态势，包括大数据硬件、大数据软件及大数据服务等在内相关产业保持中高速增长。2019 年，大数据与人工智能、云计算、物联网和区块链等技术日益融合，成为各机构抢抓发展机遇的战略性技术，如图 6-2 所示。

图 6-2　2019 年我国人工智能产业生态图谱

人工智能与实体经济的融合发展是互补创新和智能技术体系形成的过程，不是简单的技术引进和集成，而是需要创新思维才能推动实现融合的过程。要打造人工智能产业区，也需要高度重视培育和构建适宜当地产业智能化需求的产业创新生态系统和创新创业环境，促进人工智能与当地优势产业的深度融合发展，不断提升区域企业和产业竞争力。

6.2　我国人工智能产业的发展特点

（1）政策高度重视

长远来看，数字化、网络化、智能化发展路径将令人工智能逐渐转变为像网络、电力一样的基础服务设施，渗透到社会经济的方方面面。

作为新一轮产业变革的核心驱动力和引领未来发展的战略技术，国家高度重视人工智能产业的发展。为抢抓人工智能发展的重大战略机遇，构筑我国人工智能发展的先发优势，加

笔记

快建设创新型国家和世界科技强国，2017 年国务院印发《新一代人工智能发展规划》，对人工智能产业进行战略部署。规划中指出：要按照"构建一个体系、把握双重属性、坚持三位一体、强化四大支撑"进行布局，形成人工智能健康持续发展的战略路径；构建开放协同的人工智能科技创新体系，针对原创性理论基础薄弱、重大产品和系统缺失等重点难点问题，建立新一代人工智能基础理论和关键共性技术体系，布局建设重大科技创新基地，壮大人工智能高端人才队伍，促进创新主体协同互动，形成人工智能持续创新能力；把握人工智能技术属性和社会属性高度融合的特征，坚持人工智能研发攻关、产品应用和产业培育"三位一体"推进。全面支撑科技、经济、社会发展和国家安全。

人工智能产业的发展离不开国家政策的支持。2015 年以来，国家陆续出台了多项政策支持整个人工智能产业包括基础支撑层、技术层以及应用层的发展。也正是因为国家政策的大力支持，才促成了我国在人工智能领域位列世界第一梯队。

政府顶层设计已经明确昭示产业发展方向，为之后人工智能的发展指明了方向，也在全国各地掀起新一轮的发展高潮。2017 年的 11 月 15 日，科技部在北京召开新一代人工智能发展规划暨重大科技项目启动会，并宣布首批国家新一代人工智能开放创新平台名单：依托百度公司建设自动驾驶国家新一代人工智能开放创新平台，依托阿里云公司建设城市大脑国家新一代人工智能开放创新平台，依托腾讯公司建设医疗影像国家新一代人工智能开放创新平台，依托科大讯飞公司建设智能语音国家新一代人工智能开放创新平台，标志着新一代人工智能发展规划和重大科技项目进入全面启动实施阶段。

在 2018 年 3 月和 2019 年 3 月的政府工作报告中，均强调指出要加快新兴产业发展，推动人工智能等研发应用，培育新一代信息技术等新兴产业集群壮大数字经济。在 2020 年的政府工作报告中也指出"发展工业互联网，推进智能制造，培育新兴产业集群。"人工智能产业发展政策支持如图 6-3 所示。

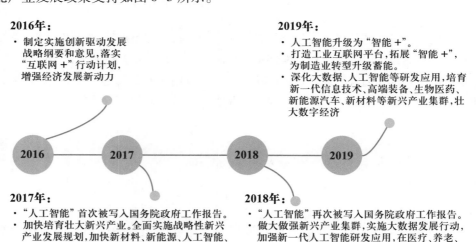

图 6-3　人工智能产业发展政策支持

（2）资金大力支持

人工智能技术和应用层的发展，离不开巨额资金的投入。人工智能产业作为风口产业，在雄厚资金和高精尖技术协同支持下进入了高速发展期。2018年中国人工智能领域融资额高达1 311亿元，增长677亿元，增长率为107%。虽然在2019年受各种因素影响，国内人工智能领域的投融资热情有所下降，但同时也表明了投资者的逐步理性以及向头部企业聚集的趋势，如图6-4所示。

图6-4　人工智能产业资金投入趋势

未来中国人工智能市场规模将不断攀升。在《新一代人工智能发展规划》中确立了"三步走"目标：第一步，到2020年人工智能总体技术和应用与世界先进水平同步，人工智能核心产业规模超过1 500亿元；第二步，到2025年人工智能基础理论实现重大突破、技术与应用部分达到世界领先水平，人工智能核心产业规模超过4 000亿元；第三步，到2030年人工智能理论、技术与应用总体达到世界领先水平，成为世界主要人工智能创新中心，人工智能核心产业规模超过1万亿元，如图6-5所示。

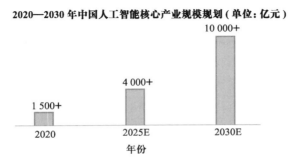

图6-5　人工智能核心产业规模规划

6.3　我国人工智能产业发展所面临的挑战

微课 6-2
我国人工智能
产业发展所
面临的挑战

（1）人工智能领域人才发展欠缺

目前，我国人工智能领域人才产业分布不均衡，主要包括两个问题：一个是产业分布不均衡，即我国人工智能产业从业人员主要集中在应用层，基础层和技术层人才储备薄弱，尤其是在处理器/芯片和技术平台领域，影响了我国的国际竞争力；另一个是人才培养问题，由于人才培养本身是一个长期的过程，同时合格的人工智能人才培养所需时间和成本远高于一般 IT 人才，这也导致了人工智能人才缺口很难在短期内得到有效填补。人才不足成为制约我国人工智能产业发展的关键因素。

（2）人工智能应用场景不够落地

人工智能与不同领域的融合需要落地的场景，这也为人工智能在不同领域的应用增加了挑战。以下分别结合人工智能在医疗、金融、自动驾驶三大领域的应用进行探讨。

1）AI 医疗的进展。医疗健康是民生工程，国家政策为促进医疗变革做了大量的努力，风险投资也对 AI+医疗有持续不断的支持。

截至目前，国内外科技企业智能医疗的布局与应用已有雏形：阿里健康重点打造医学影像智能诊断平台；腾讯在 2017 年 8 月推出腾讯觅影，可辅助医生对食管癌进行筛查；2017 年 11 月图玛深维获 2 亿元融资，致力于将深度学习技术引入到智能医学诊断的系统开发上，负责研究开发基于深度学习技术的自动化医疗诊断系统与医学数据分析系统；晶泰科技 2018 年初也融资 1 500 万美元，用于新一代的智能药物研发技术，以解决药物临床前研究中的效率与成功率问题。

尽管有国家政策支持，企业也投了大量人力财力，但截至目前，人工智能却并没有在医疗领域呈现爆发式增长。其中很重要的一个原因就在于人工智能需要大量共享数据，而在现有条件下，医院和患者的数据却如同"孤岛"。如何在保证数据安全和用户隐私的前提下打破各方壁垒，实现真正的数据融合，成为推动智能医疗快速发展的一个必需条件。

2）AI 金融的挖掘。在金融领域，人脸识别、指纹识别技术作为验证客户身份、远程开户、刷脸支付、解决金融安全隐患等技术已经得到了成熟的应用，并且为金融安全提供了保障。利用知识图谱挖掘潜在客户、进一步深挖客户潜在需求的技术也得到了学术界研究和产业界的应用。美国科技公司 FutureAdvisor 最早研制出"机器人理财顾问"，随后此类机器人理财顾问迅速风靡全球。与智能医疗发展过程中的遇到问题一样，金融领域也面临着数据融合问题。这些分散的数据如何实现安全的融合是迫切需要解决的问题，进而才有可能推动金融科技的创新。

3）智能汽车的未来之路。2017 年 12 月 20 日，一支百度阿波罗（Apollo）无人驾驶汽车车队在雄安新区测试开跑；2018 年初，北京顺义区无人驾驶试运营基地正式启动，成为北京出台国内首个自动驾驶相关规定以来，全市首个开展无人驾驶试运营的区域。近年来，在智能汽车领域各大公司新动作不断，如百度宣布开放阿波罗平台，阿里巴巴与上汽集团等传统车企展开合作，蔚来汽车首款纯电动产品上市等。

（3）人工智能产业链结构性问题需要解决

国内人工智能产业链已初步形成，但在结构性方面仍存在一定问题：企业偏重于技术层和应用层，尤其是终端产品落地应用丰富，但由于底层技术和基础理论方面尚显薄弱，在基础层缺乏创新性研究成果；在应用层虽投资产出明显，但基础层（算法、芯片等）研究仍需突破，进而形成引领未来经济变革的核心驱动力；在前期人工智能产业发展过程中也存在未充分重视基础支撑层的问题，导致在芯片产业、基础人工智能理论的发展上重视不足的问题。当前我国人工智能的发展更加强调系统、综合布局，从政策、资金等方面都开始关注并投入到人工智能芯片领域的发展。目前，我国传感器芯片市场国有化率仍不高，国产芯片以中低端产品及二次开发为主，特别是在敏感元器件核心技术及生产工艺方面与国际领先水平仍有一定差距。人工智能芯片是人工智能产业上的重要一环，近年来，国内企业不断发力芯片产业，也必将有所突破。

（4）人工智能时代职业教育改革与创新发展的出路

要想有效实现职业教育的现代化，理应把人工智能与职业教育充分结合起来，一方面要借助人工智能蓬勃发展的大好形势深化职业教育改革，以人工智能技术教育作为职业教育改革与创新发展的突破口；另一方面要利用好职业教育的技术实力、智力资源和人才优势助力人工智能加速发展，从而实现人工智能与职业教育的"双赢"。首先要对接新兴产业优化专业结构，消解智能时代职业替代风险；其次是推动产教深度融合，提升人工智能发展所需的技能型人才的适用性；然后是充分发挥职业教育智能，拓展教育培训服务范围；最后应加快调整人才培养规格，培养具备较强创新能力的复合型技术技能人才。

拓展阅读

与本章内容相关的更多知识，请参考本书配套教学资源中的拓展阅读。

文本：拓展阅读

练一练

　　将全班同学分组，每组4~6人，每小组推选一名同学为组长，负责与老师的联系。请各小组收集汇总人工智能相关的行业背景资料，并选择该行业内一家大型企业为调查对象；收集当前企业应用人工智能相关技术的市场选择、市场定位等情况，进行讨论与分析。

应用篇　了解人工智能的行业应用

通过本篇的学习，读者可以了解人工智能在农业、环保、安防、物流、交通、教育等众多行业领域中的应用实例与发展趋势。

第 7 章　智能农业与智能养殖业

农业是支撑国民经济建设与发展的基础产业。工业革命之后，机械在农业的应用促进了生产力的大幅度提高，但是也带来土地资源短缺、农药化肥过度使用造成的土壤和环境破坏等问题。如何在耕地资源有限的情况下增加农业的产出，同时保持可持续发展呢？通过本章的学习读者或许可以找到答案。

教学目标

PPT：7-1
智能农业与智能
养殖业

1）了解人工智能在农业中的应用。
2）了解人工智能在农作物生长检测中的应用。
3）了解人工智能在养殖业中的应用。
4）了解人工智能在养牛中的具体应用。

笔 记

基本概念

智能农业（Intelligent Agriculture）：在相对可控的环境条件下，采用工业化生产，实现集约、高效、可持续发展的现代超前农业生产方式，即农业先进设施与陆地相配套、具有高度的技术规范和高效益的集约化规模经营的生产方式。

农业智能机器人（Agricultural Intelligent Robot）：机器人在农业生产中的运用，是一种可由不同程序软件控制以适应各种作业、能感觉并适应作物种类或环境变化、有检测（如视觉等）和演算等人工智能的新一代无人自动操作机械。

小档案：世界上第一个无线葡萄园

2002 年，英特尔公司在美国俄勒冈州建立了一个无线葡萄园。传感器节点被分布在葡萄园的每个角落，每隔 1 分钟检测一次土壤温度、湿度或该区域有害物的数量，以确保葡萄可以健康生长。研究人员发现，葡萄园气候的细微变化可极大地影响葡萄酒的质量。通过长年的数据记录以及相关分析，便能精确地掌握葡萄酒的质地与葡萄生长过程中的日照、温度、湿度的确切关系。这是一个典型的精准农业、智能耕种的实例。

理论知识

问题的提出：一张图片，是如何与你大脑中的抽象概念相关联起来的呢？这些抽象概念并不是与生俱来的，其实是在人们后天的学习过程中逐步形成的。小时候的看图识字、生活中的观察、驾校培训、好莱坞大片……这些数据源，不断地帮助人们构建和完善大脑中的模型：轮子、门、玻璃、灯等元素和它们的空间关系。大脑的神奇之处在于，基于原有模型，还可以吸收新的数据进行叠加学习。对于一张全新的图片，视网膜采集像素，神经元提取颜色、轮廓等信息，大脑将图片信息与抽象概念进行比对，于是形成了关联。那么，人工智能如何能做到图像识别呢？

图像识别技术

可以来模仿一下人的信息处理过程：通过大量的数据，让计算机形成模型，建立图片与抽象概念之间的关联关系。

图像识别的发展经历了 3 个阶段：字符识别、数字图像处理和识别、对象识别。图像识别就是对图像进行各种处理、分析，并最终确定要研究的目标。每个图像都有自己的特征，图像识别技术就是基于图像的主要特征进行的。对图像识别过程中人的眼睛运动的研究表明，视线始终集中在图像的主要特征上，即图像轮廓的曲率最大或轮廓方向突然改变的地方，这些地方的信息量最大。眼睛的扫描路线总是从一个特征依次转换到另一个特征，因此在图像识别过程中，感知机制必须排除输入的冗余信息并提取关键信息。同时，必须有一种负责将信息整合到大脑中的机制，该机制可以将分阶段获得的信息组织成完整的感知图像。

图像识别的过程可以分为信息的获取、预处理、特征抽取和选择、分类器设计和分类决策等步骤。信息的获取是指通过传感器，将光或声音等信息转化为电信息，也就是获取研究对象的基本信息并通过某种方法将其转变为机器能够认识的信息。预处理主要是指图像处理中的去噪、平滑、变换等操作，从而加强图像的重要特征，为后续识别工作奠定基础。所谓特征抽取和选择，简单地理解就是人们所研究的图像是各式各样的，如果要利用某种方法将它们区分开，就要通过这些图像所具有的本身特征来识别，而获取这些特征的过程就称为特征抽取。分类器设计是指通过训练而得到一种识别规则，通过此识别规则可以得到一种特征分类，使图像识别技术能够得到高识别率。分类决策是指在特征空间中对被识别对象进行分类，从而更好地识别所研究的对象具体属于哪一类。

笔记

7.1 人工智能在农业中的应用

为适应世界智能农业科技的新发展和现代农业发展的新趋势，我国积极推进智能农业，如图 7-1 所示。2017 年 7 月，国务院印发的《新一代人工智能发展规划》中提出：研制农业智能传感与控制系统、智能化农业装备、农机田间作业自主系统等；建立完善天空地一体化的智能农业信息遥感监测网络；建立典型农业大数据智能决策分析系统，开展智能农场、智能化植物工厂、智能牧场、智能渔场、智能果园、农产品加工智能车间、农产品绿色智能供应链等集成应用示范。

微课 7-1
人工智能可以
应用在农业中
的哪些环节？

(a)

(b)

图 7-1　智能化的农业生产方式

人工智能技术贯穿于农业生产的产前阶段、产中阶段和产后阶段，它的应用不仅减少了农药和化肥的使用，更有助于提高农业产出、提升农业生产效率，如图 7-2 所示。

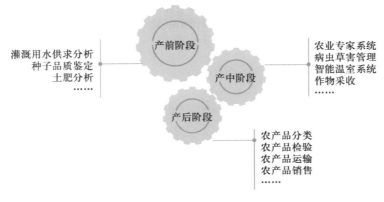

灌溉用水供求分析
种子品质鉴定
土肥分析
……

产前阶段

产中阶段

农业专家系统
病虫草害管理
智能温室系统
作物采收
……

产后阶段

农产品分类
农产品检验
农产品运输
农产品销售

图 7-2　人工智能在农业生产各阶段的应用

在农业生产的产前阶段，工作人员通常会依据经验对土壤、灌水量、施肥量等进行

笔记

人工评估，评估结果往往缺乏科学依据。人工智能在产前阶段的应用可以帮助农民对产前情况进行合理评估并做出科学判断，以指导后续生产。

在农业生产的产中阶段，人工智能可以在提高生产效率和提高农作物产量两方面发挥作用。传统农业技术手段落后，会造成水肥资源的浪费和农药的过度使用，不仅会提高成本降低效益，还会造成土壤污染，农产品质量得不到保证。人工智能在产中阶段的应用主要有智能化水肥灌溉和温室大棚管理，从而实现农业生产高效低耗、农产品优质高产。

在农业生产的产后阶段，人工智能可用于农产品分类和食品安全检测等方面。借助神经网络算法，结合基因算法模拟优胜劣汰，可以对农作物的外观、气味、形状等特征进行精准分类，将具有共同特点的农产品进行归类，再通过特定的识别模式进行精准分类，可以弥补人工分拣中存在的不足。

7.2　农作物生长情况监测

微课 7-2
农作物生长
情况监测

农作物的生长情况，如农作物生长环境的监测、农作物病虫害的辨别、农作物生产状态识别、果实成熟度的判别等，可以通过农作物的外观进行判断。随着深度学习和计算机视觉技术的发展，这些以往依靠人工判断的工作现在可以由机器代替。

智能植物识别可以帮助农户进行农作物病虫害的辨别。农户将患有病虫害的农作物照片通过手机应用上传，人工智能可以识别哪些农作物受到病虫害的侵扰，以及农作物受到何种病虫害的威胁。通过对病虫害的实时判别并发出预警，可以帮助农户及时了解农作物健康状况，从而采取相应的处理方案。农业智能机器人可以对农作物的生长环境进行监测。通过机器学习，分析和判断土壤湿度和土壤营养情况，从而确定需要灌溉或者施肥的区域，能够实现精准施肥和灌溉，不仅能减少水和化肥的使用，也确保了农作物的健康成长。农业智能机器人还可以对天气情况进行准确预测。农产品的生长很大程度上依赖天气，对天气情况的准确预测可以减少农户的劳动力成本，并能够及时应对天气突变带来的农作物不适应问题，如图 7-3 所示。

图 7-3　农作物生长情况实时获取

7.3　智能养殖业

　　养殖业是农业的重要组成部分，规模化养殖是我国实现现代农业发展的必经之路。近年来，在国家政策的支持下，我国养殖业发展迅速，家庭农场初具规模。但是养殖业发展仍存在一些问题，如大部分养殖户专业化水平较低、养殖业环保要求越来越高、兽医人才短缺等。如何改变传统养殖业，使其向专业化、自动化、智能化的方向迈进，成为整个行业亟待解决的问题，如图7-4所示。

图7-4　智能养鸡

笔记

　　如今大量的养殖企业和人工智能技术企业纷纷进军智能养殖领域。例如，腾讯在贵州筹建的智能生态鹅厂，使用人工智能技术动态实时地进行可视化管理和远程操作，并通过鹅脸识别技术监控每一只鹅，对鹅进行资料建档和投食等精细化管理，有效预防和诊治鹅在生长过程中可能遇到的疾病。又如，京东数科与黑毛牛集团、首农畜牧、蒙犇集团等在"智能养牛"方面的探索，以神农大脑（AI）、神农物联（IoT）和神农系统（SaaS）三大底层核心技术为框架，实现牛只管理、人员管理、圈舍管理的数字化、智能化和互联网化，覆盖精准饲喂、疾病监测、点数估重、任务分配、育种管理等各个环节。

　　下面以人工智能养牛为例来具体说明。通过给牛戴上智能项圈，可以实现牛身识别、运动情况分析、牛只定位、反向寻找等功能，实时了解牛的运动轨迹、疫病特征、生理异常等，并且可以结合牛脸与牛体识别的人工智能算法，做到牛只身份的双保险认证。此外，智能监测站和实时监测网还将通过计算机视觉、图像分析、人工智能算法等技术手段，完成牧场繁育和养殖的数字化管理。

（1）牛只识别

牛只识别是指通过智能项圈和智能监测站实现牛只身份的双保险认证。

智能项圈：每个项圈拥有唯一的 RFID 标签，通过读写器对牛只进行身份识别，并可以兼容各品牌奶厂的挤奶设备。

智能监测站：通过人工智能摄像头的视觉识别等技术，智能识别牛只面部特征及背部花纹，快速精准识别牛只身份，如图 7-5 所示。

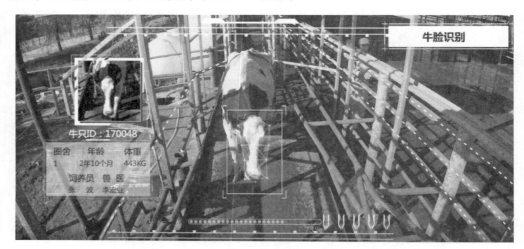

图 7-5　牛脸识别示例

（2）牛只估重

利用机器视觉技术，借助人工智能摄像头在牛只出入通道提取牛只图像信息，再通过数字化处理和人工智能估重算法结合估测，可实现牛只的智能视觉估重，如图 7-6 所示。

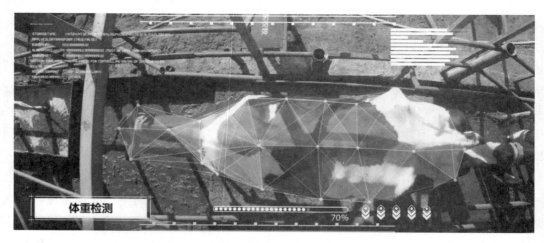

图 7-6　智能视觉估重示例

（3）牛行为和生长情况监测

通过智能项圈、智能监测站、视觉识别等技术，可解决当前牧场的数据孤岛现象，可对牛只进行繁育性能测定及运动行为和轨迹分析，及时做到发情监测，提高生产效益，如图 7-7 所示。

图 7-7 牛行为和生长情况示例

运动情况分析：通过智能项圈可对牛的运动情况进行分析，利用多种传感器分析牛只姿态、运动步数等信息，实现对牛只发情等异常情况的精确判断。

智能步态评分：通过智能监测站，实现牛只行走状态图像数据的实时采集，对牛只进行智能步态评分。

实时监测：包括牛只监测、环境监测、余食监控等。在牛舍内全方位部署 24 小时智能监测设备，监测圈舍内全部牛只及环境状况，向饲养员发送异常预警及任务指令，智能化驱动 IoT 设备。

牛只监测：对牛只爬跨、卧地不起等发情或疾病行为进行监测，并锁定异常牛只，向饲养员发送相应任务指令。

环境监测：通过温湿传感器检测圈舍环境，自动控制卷帘、风扇、喷淋等设备。

余食监控：智能分析食槽内余食量，对空槽等异常现象及时预警，降低人员巡检成本。

（4）牛病诊断

牛病诊断是指建立牛病大数据库，将枯燥的数据变成直观的信息。通过牛的个体情况的采集与分析，智能系统会对牛场可能发生的牛只体况变化、肢蹄健康状况、药浴情况等进行提前预警。当发现有疑似病牛时，还可以通过智能语音报警，及时提醒工作人员采取措施。

（5）AI 数牛盘点

AI 数牛是指通过智能项圈和智能监测站实现牛只身份的双保险认证的同时，兼具实

笔记

现数牛统计盘点。通过智能项圈的电子围栏功能可以对牛只进行 GPS 定位，并指定牛只活动区域，超出范围自动报警。

拓展阅读

与本章内容相关的更多知识，请参考本书配套教学资源中的拓展阅读。

练一练

1. 模拟体验在智慧牧场中，利用很少的人力对大量的牲畜进行管理。智能摄像头实时监控牧场中的场景，运用强大的人工智能程序，识别出每一头牛，从而快速计算出牛的数量。另外通过大数据匹配，识别出每一头牛的状态，方便牧场进行管理等。

2. 模拟体验在智慧植物园中，利用很少的人力对大量的植物进行管理。智能摄像头实时监控植物园中的场景，运用强大的人工智能程序，识别出每一种类的植物，从而快速计算出植物的数量。另外通过大数据匹配，识别出每一类植物的生长状态，方便植物园进行管理等。

第 8 章 智慧环保

如今，通过扫描二维码就可以对垃圾分类，环境监测也用上了大数据，环保各个细分领域被加上"智慧"头衔……环保与人工智能正在逐步融合。显然，随着人工智能、大数据、云计算等技术的成熟，环保领域正向智能化方向转变，传统的环境治理方式开始式微，环保产业面临着无限机遇。那么，当环保与人工智能牵手，到底会给环境治理带来什么变化呢？通过本章的学习读者或许可以找到答案。

教学目标

PPT：8-1
智慧环保

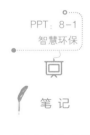

笔记

1）了解人工智能在环保领域的应用。
2）了解人工智能在垃圾分类中的具体应用。
3）了解人工智能在大气污染防治中的具体应用。
4）了解人工智能在河道漂浮物检测中的具体应用。

基本概念

智慧环保（Wisdom Green）：是"数字环保"概念的延伸和拓展，它借助物联网技术，把感应器和装备嵌入到各种环境监控对象（物体）中，通过超级计算机和云计算将环保领域物联网整合起来，可以实现人类社会与环境业务系统的整合，以更加精细和动态的方式实现环境管理和决策的智慧。

垃圾分类（Garbage Classification）：一般指按一定规定或标准将垃圾分类储存、投放和搬运，从而转变成公共资源的一系列活动的总称。

大气污染防治（Prevention and Control of Air Pollution）：是指在一个特定区域内，把大气环境看作一个整体，统一规划能源结构、工业发展、城市建设布局等，综合运用各种防治污染的技术措施，充分利用环境的自净能力，以改善大气质量。

小档案：世界地球日

世界地球日（The World Earth Day）即每年的 4 月 22 日，是一个专为世界环境保护而设立的节日，旨在提高民众对于现有环境问题的意识，并动员民众参与到环保运动中，通过绿色低碳生活，改善地球的整体环境。世界地球日由盖洛德·尼尔森和丹尼斯·海斯于 1970 年发起，如今其庆祝活动已发展至全球 192 个国家，每年有超过 10 亿人参与其中，使其成为世界上最大的民间环保节日。我国从 20 世纪 90 年代起，每年都会在 4 月 22 日举办世界地球日活动。

理论知识

问题的提出：机器为什么需要视觉呢？类比来看，人类获取外部信息的 80% 都来源于眼睛，由此可见，视觉是人类观察世界和认知世界的重要手段。通过视觉，人们可以获取外界事物的大小、颜色、状态等信息。机器视觉对于人工智能的意义，正如眼睛之于人类的价值，其重要性不言而喻。人工智能核心技术之一的机器视觉技术正在快速发展，旨在赋予机器可媲美人眼的视野，基于机器视觉的机器人技术应用前景广阔。那么人工智能如何帮助机器"看懂这个世界"呢？

笔记

机器视觉技术

机器视觉主要用计算机来模拟人的视觉功能，从客观事物的图像中提取信息，进行处理并加以理解，最终用于实际检测、测量和控制。机器视觉技术最大的特点是速度快、信息量大、功能多。机器视觉系统是指通过机器视觉产品（即图像摄取装置，分 CMOS 和 CCD 两种）将被摄取目标转换成图像信号传输给专用的图像处理系统，根据像素分布和亮度、颜色等信息，转变成数字化信号；图像处理系统对这些信号进行各种运算来抽取目标的特征，进而根据判别结果来控制现场的设备动作。机器视觉广泛应用于生产、制造、检测等工业领域，用来保证产品质量、控制生产流程、感知环境等。

机器视觉技术涉及目标对象的图像获取技术，对图像信息的处理技术以及对目标对象的测量、检测与识别技术。机器视觉系统主要由图像采集单元、图像信息处理与识别单元、结果显示单元和视觉系统控制单元组成。图像采集单元获取被测目标对象的图像信息，并传送给图像信息处理与识别单元。图像采集单元一般由光源、镜头、数字摄像机和图像采集卡等构成。采集过程可简单描述为在光源提供照明的条件下，数字摄像机拍摄目标物体并将其转换为图像信号，最后通过图像采集卡传输给图像信息处理与识别单元。图像信息处理与识别单元对图像的灰度分布、亮度和颜色等信息进行各种运算处理，从中提取出目标对象的相关特征，完成对目标对象的测量、识别等判定，并将其判定结论提供给视觉系统控制单元。视觉系统控制单元根据判定结论控制现场设备，实现对目标对象的相应控制操作。机器视觉系统中的软件算法部分，主要包括传统的数字图像处理算法和基于深度学习的图像处理算法等。

8.1　人工智能在环保领域的应用

　　环境保护是实现社会可持续发展的重要方式之一。当前，智慧环保已成为全球性议题，不少高新技术企业纷纷利用人工智能技术助力环保事业发展。例如，百度的智慧生态环境大脑，通过大气检测、气象观测、排污许可等多源数据，助力政府和环保部门的科学管理；阿里云的"青山绿水"计划，则旨在通过人工智能技术寻找环境保护的新方式，如图 8-1 所示。

微课 8-1
人工智能在
环保领域的
应用

图 8-1　智能环境监测站

笔记

　　人工智能在环保领域的应用主要涉及污染预防、监管和治理等方面。在污染预防上，人工智能有望从源头上减少污染。人工智能技术的应用将使能源应用向着高效、清洁的方向发展，有望改变现在的环境面貌。在污染监管方面，人工智能可以实现实时监督和管理。目前，国内基于大数据预测分析的智能水处理诊断预测平台已经正式上线运行。该平台结合开放的分析与预测软件，可以为工业用水和废水、城市污水处理提供产品识别和实时的设备故障监测。在污染治理方面，人工智能可以用于环卫清洁，如环卫智慧作业机器人、无人驾驶小型扫路车等新一代人工智能产品的推广，颠覆了传统环卫设备的工作流程。

8.2　垃圾分类

　　随着社会的发展和城市化水平的提高，越来越多的生产和生活垃圾出现在人们的生活中。推进垃圾分类与回收再利用是解决垃圾过量的重要手段。然而，大多数人的垃圾分类意识达不到要求，还有些人虽然具备垃圾分类的意识，但是在扔垃圾的时候不知道垃圾的具体分类。伴随人工智能技术的发展，分类垃圾桶等智能科技设备纷纷上岗，服务于垃圾分类和垃圾回收，如图 8-2 所示。

图 8-2   智能垃圾分类

智能分类垃圾桶基于图像识别技术，利用摄像头、信息处理器、指示灯控制器等对垃圾进行分类管理，最大限度地实现垃圾资源利用，减少垃圾处置量，改善生态环境。

Intuitive AI 公司推出的 OSCAR 垃圾分类系统拥有一块 32 英寸显示屏和智能摄像头，通过计算机视觉、机器学习算法进行垃圾分类。通过学习，OSCAR 已经可以识别数千类垃圾，并将其分为几百个不同的类别。目前，该系统仍在继续训练，以从垃圾上可见信息中识别出垃圾具体是什么并进行分类，甚至在未来还可以告诉用户分别将垃圾中哪些部分扔到哪个垃圾桶里。

在国内，面向 B 端和 G 端的千元价位的厨余垃圾智能收集箱，以及面向 C 端的百元价位的智能垃圾箱都已有落地商用，部分城市也开始投入使用人工智能分类垃圾桶。例如，山东青岛已投入使用的人工智能分类垃圾桶，能够分别回收金属、塑料、纺织物、纸类、玻璃等多种生活垃圾。居民通过手机应用、手机号码输入、微信扫码等方式登录，即可进行垃圾投放，如图 8-3 所示。

图 8-3   青岛街头人工智能分类垃圾桶

8.3 大气污染防治智能化

　　我国城市化和工业化进程在不断发展的同时，也带来了能源过度消耗、大气污染等问题。人工智能技术的发展为大气污染防治提供了很好的解决方法。利用超级计算处理能力和物联网技术，可以进行数据收集和监测；通过分析空气监测站和气象卫星传送的实时数据流，可以对污染状况进行实时预警；借助云计算、云平台等智能设备，可以因地制宜地推出治理措施，如图 8-4 所示。

微课 8-2
大气污染防治
智能化

图 8-4　大气污染监测

　　在污染监测方面，使用无人机并借助现代通信技术构建天空立体监测体系，进行移动式监测，可以确定一个地区的污染变化情况。2017 年 12 月，中国科学院生态环境研究中心痕量气体大气化学研究组协同多家单位成功开展了无人机大气立体监测系统实验，将低功耗大流量颗粒物采样技术、多通道真空气体采样技术与无人机技术结合，填补了大气环境监测和研究盲区，获得了大气环境监测技术上的全新突破。

　　在分析预警方面，利用大数据分析系统、云计算平台可以综合分析大量卫星数据和地面物联网监测点的数据，服务空气质量预警工作。2016 年冬天，北京启用雾霾预警系统，如图 8-5 所示。该系统整合了来自全国 3 000 多个空气质量监测站的数据，包括北京各区域的 35 个官方建设的空气质量监测站，以及成本更低且更广泛的来源，如环境监测站、交通系统、气象卫星、地形图、经济数据，甚至社交媒体。

　　在智慧治理方面，人工智能技术的应用体现在环保设备的智能化调控。智能设备使前期监测、分析预警、终端治理走向一体化，整个治理过程更加便捷。中科宇图的"城市大气污染防治智能调控系统"已经在平顶山等城市陆续展开应用。该系统包括了一整套大数据分析、地理信息展示、卫星遥感接入、模型模拟和调控参数等技术手段，定时汇报环境监测的主要问题，让决策者通过系统能够快速进行反应。此外，系统还与地理

笔记

信息相结合，显示空气质量的热点变化图，并根据不同阶段所产生的数据来采取相应的治理措施。

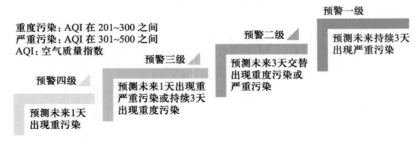

图 8-5 大气污染预警

8.4 河道漂浮物智能检测

目前，河道水面的保洁主要还是依赖于保洁人员的每日巡查打捞、河道管理人员对水域的定期巡查，当发现有大片漂浮物时，由保洁人员进行打捞。对于部分漂浮物频发的区域，通过安装视频监控，河道管理人员能够远程通过手机端或监控中心计算机发现漂浮物，再通知保洁及时打捞。这虽然减少了巡查的工作量，但又提高了人工监视的工作量。

江漂浮物监测识别预警分析系统基于云计算、物联网、大数据、移动互联网、人工智能等新一代信息技术，能够对漂浮物进行全面监测、识别、预警、分析，实现对河道漂浮物的动态监管。该系统的基本原理是在漂浮物聚集处和边界断面设置视频监控，通过智能分析，识别出漂浮物的种类及严重程度并智能预警，通知管理人员及保洁人员，以便及时组织保洁队伍进行清理。

江漂浮物监测识别预警分析系统主要包含前端监视系统、智能识别系统与智能分析预警系统。

前端监视系统：前端视频图像采集系统是用于满足漂浮物检测的一项重要基础，系统利用数字视频监控技术及有线、无线通信技术，实现对河道水面的实时监控，为监测、识别、预警、分析等市水利局综合应用提供视频图像来源，同时视频资源可实现与相关政府部门的信息共享，如图 8-6 所示。

智能识别系统：利用前端监视点采集的大量河道视频图像资源，通过深度学习、人工智能、大数据等技术，实现对河道漂浮物（包括类别、位置等）的智能识别能力，如图 8-7 所示。

智能分析预警系统与智能识别系统对接，进一步分析漂浮物的类别、面积、聚集等情况并进行预警，实现预警信息的快速推送，做到以防为主，为打捞处置争取宝贵时间，

笔记

图 8-6 河道漂浮物智能检测（1）

图 8-7 河道漂浮物智能检测（2）

如图 8-8 所示。该系统主要有以下功能：

1）识别区域设定，可在画面中以图框的形式在画面中设置关注区域。

2）漂浮垃圾预警、人工确认，可对报警图片进行实时短信推送。

3）漂浮垃圾预警查询。

4）漂浮物分类。

5）报警阈值设置。报警阈值为漂浮物面积在识别区域中所占的百分比。

图 8-8 河道漂浮物智能检测（3）

笔记

　　该系统可识别出漂浮物是否为绿色植物（漂浮物、绿萍等）、垃圾（泡沫塑料、矿泉水瓶、垃圾袋等）、船只等，并可根据需要设置报警类别。

拓展阅读

　　与本章内容相关的更多知识，请参考本书配套教学资源中的拓展阅读。

练一练

　　1. 模拟体验在小区智慧垃圾站中，利用很少的人力对大量的垃圾进行管理。智能摄像头将拍摄到的垃圾的图片上传至平台，平台通过大数据匹配，识别出垃圾的种类，并打开相应的垃圾桶（或给出垃圾桶的位置）。

　　2. 模拟体验在智慧鱼塘中，利用很少的人力对大量的水面漂浮垃圾进行管理。智能摄像头将拍摄到的水面的图片上传至平台，平台通过大数据匹配，识别出水面是否有垃圾，并及时通知管理员（或智能清除垃圾设备）。

第 9 章　智能安防

使用摄像头可以拍摄和记录视频，而加入了人工智能后的机器还能够"看得懂"视频。当知道人们想要在视频画面中获得怎样的信息后，机器就能缩小数据范围，从而提取更为有效的内容。深度融合了人工智能的摄像头，除了监控之外，还将实现哪些让人意想不到的功能呢？通过本章的学习读者或许可以找到答案。

教学目标

1）了解人工智能在安防领域的应用。
2）了解使用人工智能实现个性化安防服务的方法。

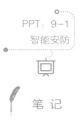

PPT：9-1
智能安防

笔记

基本概念

视频监控系统（Video Monitoring System）：通过图像监控的方式对园区的主要出入口和重要区域进行实时、远程视频监控的安防系统。

智慧城市（Smart City）：是指利用各种信息技术或创新概念，将城市的系统和服务打通、集成，以提升资源运用的效率，优化城市管理和服务，以及改善市民生活质量。

平安城市（Safe City）：一个特大型、综合性非常强的管理系统，此系统不仅需要满足治安管理、城市管理、交通管理、应急指挥等需求，而且还要兼顾灾难事故预警、安全生产监控等方面对图像监控的需求，同时还要考虑报警、门禁等配套系统的集成以及与广播系统的联动。

小档案：上海成为第一个获得"世界智慧城市大奖"的中国城市

2020 年 11 月 18 日，2020 全球智慧城市大会（上海会场）揭晓了世界智慧城市大奖，上海一举斩获世界智慧城市大奖、中国区城市大奖两项殊荣，这也是中国城市首次获得世界智慧城市大奖。近年来，上海深化政务服务"一网通办"，推进城市运行"一网统管",紧抓"两张网"的"牛鼻子",提升上海城市治理能力,努力打造成为我国城市的治理样板,向世界展现"中国之治"新境界。

理论知识

问题的提出:如何让机器明白人在说什么?语音是人类最自然的交互方式。计算机发明之后,让机器能够"听懂"人类的语言、理解语言中的内在含义并能做出正确的回答,就成为计算机科学领域的重要研究目标之一。人们都希望机器能像科幻电影中那些智能先进的机器人助手一样,在与人进行语音交流时能听懂人在说什么。语音识别技术将这一梦想变成了现实。语音识别就好比"机器的听觉系统",该技术让机器通过识别和理解,把语音信号转变为相应的文本或命令。语音识别技术正逐步成为计算机信息处理技术中的关键技术,但它又是怎么工作的呢?

笔记

语音识别技术

语音识别是一门涉及面很广的交叉学科,它与声学、语音学、语言学、信息理论、模式识别理论以及神经生物学等众多学科都有非常密切的关系。语音识别技术的应用已经成为一个具有竞争性的新兴高技术产业。计算机语音识别过程与人对语音识别处理过程基本上是一致的,目前主流的语音识别技术是基于统计模式识别的基本理论。一个完整的语音识别系统大致可以分为以下 3 部分。

1)语音特征提取:目的是从语音波形中提取随时间变化的语音特征序列。

2)声学模型与模式匹配(识别算法):声学模型是识别系统的底层模型,并且是语音识别系统中最关键的一部分。声学模型通常由获取的语音特征通过训练产生,目的是为每个发音建立发音模板。在识别时将未知的语音特征同声学模型(模式)进行匹配与比较,计算未知语音的特征矢量序列和每个发音模板之间的距离。声学模型的设计和语言发音特点密切相关。声学模型单元的大小(字发音模型、半音节模型或音素模型)对语音训练数据量大小、系统识别率以及灵活性有较大影响。

3)语义理解:计算机对识别结果进行语法、语义分析,即让计算机明白语言的意义以便做出相应的反应,这通常是通过语言模型来实现的。

语音识别的工作流程:把帧识别成状态(难点)→把状态组合成音素→把音素组合成单词。

9.1　人工智能在安防领域的应用

随着平安城市、智慧城市建设的不断推进,摄像头及高清视频不断普及,安防正在从传统的被动防御向主动判断、及时预警转变，行业也从单一的安全领域向多行业应用、提升生产效率、提高生活智能化程度发展，开始拥有海量且层次丰富的数据，而这正是人工智能可以发挥强大作用、实现应用价值的领域。由于和安防有着天然的契合点，人工智能在最近几年正以超乎想象的速度与安防行业相互融合。

　　2018 年我国安防行业总产值超过 7 000 亿元，这在很大程度上得益于平安城市、防控应急、智慧城市以及民用安防市场的应用，如图 9-1 所示。

微课 9-1
人工智能在安防领域的应用前景

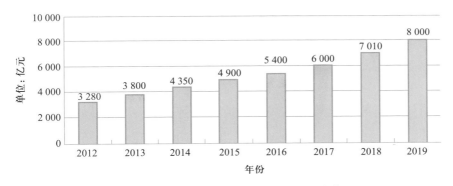

图 9-1　2012—2020 年中国安防行业总产值

　　可见，随着安防产业的转型升级，智能化发展是大势所趋，人工智能在安防领域的应用前景巨大，众多企业也纷纷抢占人工智能+安防这一新产业风口，如图 9-2 所示。

图 9-2　人工智能+安防产业图谱

　　目前在安防行业，人工智能算法主要应用在视频图像领域，因为传统安防企业的产品都与视频图像相关。例如以视频为核心的智能物联网解决方案和大数据服务提供商——一直在安防领域处于领先地位（见图 9-3）的海康威视，从 2012 年开始关注并持续投入基于深度学习理论的人工智能技术，于安防数字化时代弯道超车挤占外资份额，逐渐成为在人工智能+安防垂直应用方面的佼佼者，如图 9-3 所示。

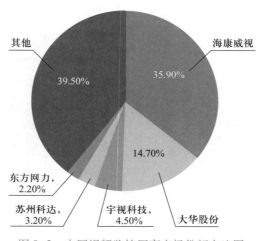

图 9-3　中国视频监控厂商市场份额占比图

笔记

　　人工智能正在推动着安防领域的变革，使其向一个更智能化、更人性化的方向前进。从技术层面来说，人工智能应用在安防领域可以实现前端摄像机的感知功能、智能分析的自学习和自适应功能、视频数据的深入挖掘功能。在前端摄像机的感知方面，人工智能使视频监控得以通过机器视觉和智能分析识别出监控画面中的内容，并通过后台的云计算和大数据分析来做出判断，并采取相应行动；在智能分析方面，深度学习可以赋予智能分析强大的自学习和自适应能力，根据不同的环境进行自动学习和过滤，将视频中的干扰画面进行自动过滤，从而提高分析的准确率并降低调试的复杂度；在视频数据的挖掘方面，可以利用不同的计算方法，将大量视频数据中不同属性的事物进行检索、标注和识别等，以实现对大量视频数据中内容的快速查找和检索，大大降低人工成本并提高数据挖掘的效率。

　　从应用场景来看，人工智能+安防已应用到社会的各方面，如公安、交通、楼宇、金融、商业、民用等领域，如图 9-4 所示。

　　未来，人工智能还将以视频图像信息为基础，打通安防行业各种异构信息，在海量异构信息的基础上，充分发挥机器学习、数据分析与挖掘等各种人工智能算法的优势，为安防行业创造更多价值。

在公安办案中的应用	在工厂园区中的应用	在智能楼宇中的应用
公安机关需要在海量的视频信息中发现犯罪嫌疑人的线索。针对海量数据，可以借助人工智能在视频内容特征提取和内容理解方面的天然优势，将人工智能芯片放到前端摄像机中，利用人工智能强大的计算能力和智能分析能力实时分析视频内容、检测运动对象、识别人和物的属性信息，并通过网络传递到后端的中心数据库进行存储，给出最可靠的线索，提高办案效率，成为办案人员的专家助手	传统的工业机器人是固定在生产线上的操作型机器人，不具有智能性。工厂园区中的安防摄像机主要部署在出入口和周边，对内部角落的位置无法触及。基于人工智能的可移动巡线机器人可以应用于全封闭的无人工厂中，定期巡逻，读取仪表数值，分析潜在的风险，保障全封闭无人工厂的可靠运行，切实推动工业 4.0 的发展	在智能楼宇领域，人工智能是建筑的大脑，综合控制着建筑的安防、能耗，对于进出大厦的人、车、物实现实时的跟踪定位，区分办公人员与外来人员，监控大楼的能源消耗，使得大厦的运行效率最优；可以汇总整个楼宇的监控信息、刷卡记录，实时比对通行卡信息及刷卡人脸信息，检测出盗刷卡行为；还能区分工作人员在大楼中的行动轨迹和逗留时间，发现违规探访行为，确保核心区域的安全

图 9-4　人工智能+安防应用领域

9.2　个性化安防服务

　　针对用户不同的安防需求，利用人工智能强大的计算能力及服务能力，为每个用户提供差异化、个性化的服务，提升个人用户的安全感，这是人工智能在安防领域，尤其是民用安防领域的重要发展趋势。

　　以人工智能在家庭安防的应用为例，家庭安防摄像机可以根据实际情况，调整安防状态，提供个性化安防服务。当检测到没有人在家时，家庭安防摄像机可自动进入戒备模式，发现异常情况后给予闯入人员警告，并远程通知家庭主人，让家庭主人可以跟踪异常情况，必要时可以通知小区物业或者报警；当家庭成员回家后，家庭安防摄像头可以自动撤防，保护用户隐私。同时，家庭安防摄像头通过一定时间的学习，可以掌握家庭成员的作息规律，在主人休息的时候启动布防，确保夜间安全，省去人工布防的烦恼，实现个性化和人性化，如图 9-5 所示。

　　此外，人工智能的人脸识别技术还可以为居民提供个性化的开关门服务。居民只要预先去物业登记好人脸图像，当他们经过摄像头区域时，会被自动抓拍，比对成功后门即可自动开启，不需要额外携带钥匙或门禁卡，且人脸识别开门非常快，不到 1 秒就能够识别完成。当家庭有新增人员入住时，只需要直接到物业办理人脸登记，而不必再支付办卡费用。人脸识别技术支持 $1:N$ 匹配，支持多角度识别，不受发型、妆容、眼镜的影响，因此即使改变发型或者换了副眼镜，都不需要担心无法进门，也无须重新去物业登记，如图 9-6 所示。

微课 9-2
人工智能家庭
安防应用

打消非法念头
当人们都在考虑盯着屏幕监控录像时，而安防系统考虑的是预先告诉
企图入侵者：你已被发现并录像，别再被我们录像与报警

（抓拍或视频拍摄
发送告知主人）

图 9-5　人工智能刷脸门禁示例

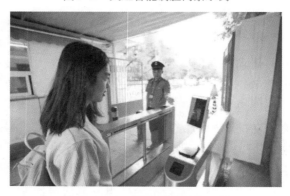

图 9-6　人工智能刷脸门禁示例

拓展阅读

文本：拓展阅读

与本章内容相关的更多知识，请参考本书配套教学资源中的拓展阅读。

练一练

1. 模拟体验在智慧办公室中，语音识别技术在安防领域的开锁场景。传统意义上的机械锁各式各样，在人工智能的加持下可以实现声音的识别，这使得人们可以在安防领域实现童话世界中的又一个梦想——声音锁。在这个实训里将如同《一千零一夜》中的阿里巴巴一样，只需一句"芝麻开门"就可以让藏着秘宝的铁门打开。

2. 模拟体验在智慧家居中，人脸识别技术在安防领域的开锁场景。传统的各种机械锁，在人工智能的加持下可以实现人脸的识别，这使得人们可以在安防领域实现对自家更安全的感受，只需要人脸对准摄像头就可以打开回家的大门。

第10章 智慧物流

随着人工智能和大数据的兴起，物流行业同样处在经历从全人工到全自动化的历史转折点。引领物流行业快速发展的，不仅仅是先进的运营模式转变，还有不断地科技创新。云计算、大数据、人工智能、物联网等新技术是如何颠覆快递业运营模式和管理理念的呢？通过本章的学习读者或许可以找到答案。

PPT：10-1
智慧物流

教学目标

1）了解人工智能在物流业中的应用。
2）了解人工智能在仓储领域的应用。
3）了解人工智能在配送方面的应用。

笔 记

基本概念

智慧物流（Intelligent Logistics System）：是指通过智能软硬件、物联网、大数据等智慧化技术手段，实现物流各环节精细化、动态化、可视化管理，提高物流系统智能化分析决策和自动化操作执行能力，提升物流运作效率的现代化物流模式。

分拣机器人（Sorting Robot）：一种具备了传感器、物镜和电子光学系统的机器人，可以快速进行货物分拣。

> 小档案：江苏首个智慧物流 5G 无人仓
>
> 2020 年 8 月 11 日，江苏省首个 5G 智慧物流无人仓首次对媒体开放。5G 无人仓位于苏宁物流南京雨花基地，建成于 2019 年 8 月，由苏宁超级云仓迭代升级而成。该项目整合了无人叉车、AGV 机器人、机械臂、自动包装机等众多新科技，实现了整件商品从收货上架，到存储、补货、拣货、包装、贴标，以及最后分拣，全

流程的无人化。单个机器人工作台商品拣选效率达到了 600 件/小时，相比人工拣选效率提升 5 倍，从消费者下单到商品出库，最快 20 分钟就可完成。2020 年 6 月在 5G 技术的加持下，无人仓再次迭代升级。基于 5G 泛在智能、端—边—云网络架构以及执行层数据传输的去中心化，让苏宁 5G 无人仓内整体仓储信息系统高效稳定的运作。在真实 5G 网络下，通过 AI、IoT、人工智能等智能物流技术和产品融合应用，实现 5G+AI 仓储安防建设、AGV 的云化调度等设备升级，推动了从货物入库、拣选、盘点、分拣、发货等仓内全流程操作全面实现数字化、可视化和智慧化。

理论知识

问题的提出：为什么需要机器人呢？1921 年，捷克剧作家卡雷尔·恰佩克在其名为 *R. u. R.* 的戏剧中，第一次引入了"机器人（Robot）"这个词。捷克语

中"机器人"意指劳动或工作，而如今，机器人已经是"自动执行工作的机器装置"，是高度整合控制论、机械电子、计算机、材料和仿生学的产物，在工业、医学、农业、建筑业甚至军事等领域中均有重要用途。它既可以接受人类指挥，又可以运行预先编排的程序，也可以根据以人工智能技术制定的原则纲领行动。随着工业自动化和计算机技术的发展，机器人开始进入大量生产和实际应用阶段，与此同时对机器人的智能水平提出了更高的要求。特别是危险环境或人们难以胜任的场合更迫切需要机器人，从而推动了智能机器人的研究。

机器人的概念

我国科学家对机器人的一个定义：机器人是一种自动化的机器，所不同的是这种机器具备一些与人或生物相似的智能能力，如感知能力、规划能力、动作能力和协同能力，是一种具有高度灵活性的自动化机器。

机器人一般由执行机构、驱动装置、检测装置、控制系统和复杂机械等组成。

1）执行机构即机器人本体，其臂部一般采用空间开链连杆机构，其中的运动副（转动副或移动副）常称为关节，关节个数通常即为机器人的自由度数。出于拟人化的考虑，常将机器人本体的有关部位分别称为基座、腰部、臂部、腕部、手部（夹持器或末端执行器）和行走部（对于移动机器人）等。

2）驱动装置是驱使执行机构运动的机构，按照控制系统发出的指令信号，借助于动力元件使机器人进行动作。它输入的是电信号，输出的是线、角位移量。机器人使用的驱动装置主要是电力驱动装置，如步进电动机、伺服电动机等，此外也有采用液压、气动等驱动装置。

3）检测装置是实时检测机器人的运动及工作情况，根据需要反馈给控制系统，与设定信息进行比较后，对执行机构进行调整，以保证机器人的动作符合预定的要求。作为

检测装置的传感器大致可以分为两类：一类是内部信息传感器，用于检测机器人各部分的内部状况，如各关节的位置、速度、加速度等，并将所测得的信息作为反馈信号送至控制器，形成闭环控制；另一类是外部信息传感器，用于获取有关机器人的作业对象及外界环境等方面的信息，以使机器人的动作能适应外界情况的变化，使之达到更高层次的自动化，甚至使机器人具有某种"感觉"，从而向智能化发展，如视觉、声觉等外部传感器给出工作对象、工作环境的有关信息，利用这些信息构成一个大的反馈回路，以大大提高机器人的工作精度。

4）控制系统有两种方式：一种是集中式控制，即机器人的全部控制由一台微型计算机完成；另一种是分散（级）式控制，即采用多台微型计算机来分担机器人的控制。例如当采用上、下两级微机共同完成机器人的控制时，主机常用于负责系统的管理、通信、运动学和动力学计算，并向下级微机发送指令信息；作为下级从机，各关节分别对应一个 CPU，进行插补运算和伺服控制处理，实现给定的运动，并向主机反馈信息。根据作业任务要求的不同，机器人的控制方式又可分为点位控制、连续轨迹控制和力（力矩）控制。

10.1　人工智能在物流业中的应用

人工智能应用于物流行业，影响到物流中的仓储、运输与配送的各环节，成为物流行业降本增效的利器。我国物流业发展正从传统低效的方式向高科技、集约化转变，智慧物流逐渐发展起来。党的十九大报告中指出，推动互联网、大数据、人工智能和实体经济深度融合；在中高端消费、创新引领、绿色低碳、共享经济、现代供应链、人力资本服务等领域培育新增长点、形成新动能；加强物流等基础设施网络建设。

在人工智能的带动下，我国智慧物流市场规模逐年增长，取得不俗的成绩，如图 10-1 所示。

微课 10-1
人工智能在
物流业中的
应用

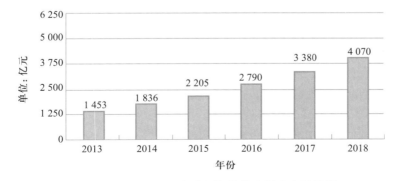

图 10-1　2013—2018 年中国智慧物流行业市场规模

　　人工智能和物流行业的结合提高了物流业的自动化程度，由此催生很多应用场景。例如，人工智能可以用于分析供应链数据，并深入了解供应链的每个环节；可以用于库存管理，实现货物进出的高时效进而降低成本；可以用于物流的预测分析，包括需求预测、准时性预测、路线预测和优化等；可以改善物流行业的成本、透明度和速度。人工智能的应用改变了传统物流中的订单管理、仓储管理、运输管理、配送管理等环节，不仅优化物流流程、提高物流效率，还提升了用户的满意度，如图 10-2 所示。

图 10-2　苏宁物流智能拣选系统

　　（1）应用于物流中的客户需求预测和货物准时性预测

　　人工智能可以分析大量的实时数据，建立可解释以往数据的相应模型，用模型对未来进行预测，并能够对运输网络进行预测性管理，从而显著提高物流业务的整体运营能力。

　　（2）应用于物流中的网络及路由规划

　　在网络规划方面，可利用历史数据、地址、时效、运送速度等要素构建分析模型，对仓储、运输、配送网络、人员安排等进行优化布局，如通过分析消费者历史数据，提前在离消费者最近的仓库进行备货。在路由规划方面，人工智能可在物流运输过程中实现实时路由优化。

　　（3）应用于国际物流中的海关申报与清关

　　利用人工智能技术，可以对海关条文、行业及客户信息、快递网络等进行细致有效管理，从而提高海关申报效率与国际物流运送效率，确保送达的准确性。

10.2 智能仓储

人工智能的应用为现代物流提供诸多方便，预计到 2021 年底，将有十分之一的成熟经济体中的仓库工人被人工智能机器人所取代，如图 10-3 所示。

图 10-3　智能分拣机器人

微课 10-2
智能分拣是
如何工作的？

以人工智能应用于仓储中的货物分拣为例，智能分拣不仅能够减少人力，还能够增加准确性、提高分拣效率、促进物流自动化。分拣机器人带有图像识别系统，利用磁条引导、激光引导、超高频 RFID 引导以及机器视觉识别技术，能够通过摄像头和传感器抓取实时数据，自动识别出不同的品牌标识、标签和 3D 形态。通过判断分析，机器人可以将托盘上的物品自动运送到指定位置。工作人员只须将商品放到自动运输机器上，机器人便会在出站台升起托盘等待接收商品，然后集中配送，减少货物分类集中需要的时间。智能分拣包含六个主要步骤：通过摄像头获得物体的图像信息，将原始图像划分为网格，创建分类器以确定如何识别，识别物体图像和破损程度，异常呈现和维护，通过不断学习提高识别的准确率。在这个过程中，图像识别技术发挥着重要的作用，如图 10-4 所示。

利用人工智能机器人、计算机可视化系统、会话交互界面等技术，对信件和包裹等进行高效率和高准确性的智能分拣，正在成为现代包裹和快递运营商的重要发展方向。例如，中外运-敦豪国际航空快捷有限公司获得专利的"小型高效自动分拣装置"利用了部分图像识别技术，在进行快件分拣的同时，能够自动获取数据，并能对接 DHL 的系统进行数据上传。京东物流昆山无人分拣中心最大的特点是从供包到装车，全流程无人操作，场内自动化设备覆盖率达到 100%，如图 10-5 所示。

笔 记

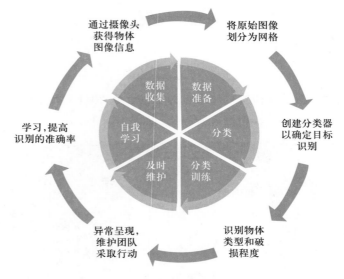

通过摄像头获得物体图像信息

将原始图像划分为网格

创建分类器以确定目标识别

识别物体类型和破损程度

异常呈现，维护团队采取行动

学习，提高识别的准确率

数据收集

数据准备

分类

分类训练

及时维护

自我学习

图 10-4　智能分拣工作流程

图 10-5　京东物流昆山无人分拣中心

10.3　智能配送

　　人工智能在物流配送等开放环境中的应用具有无限前景，其中，配送机器人和无人机快递是实现智能配送的重要手段。配送机器人首先根据目的地自动生成合理的配送路线，在行进过程中避让车辆和障碍物，到达配送机器人停靠点后就会向用户发送短信提醒通知收货，用户可以通过人脸识别直接开箱取货。无人机快递是通过无线遥控设备和自备的程序控制装置操纵无人驾驶的低空飞行器运载包裹，自动送达目的地。

为进一步降低末端配送成本、增加末端配送效率，电商企业和外卖平台纷纷聚焦人工智能在物流配送上的使用。京东在西安建立无人配送站，上面可以起降无人机，下面是配送机器人，外观看起来类似老式的空调室外机，铁圆筒里面全部是自动化的智能机械装置，以重点解决农村地区"最后一公里"配送成本高的问题，如图10-6所示。

图 10-6 京东无人机

2018年4月，苏宁自主研发的无人配送小车"卧龙一号"在南京进行测试，随后又相继落户北京、成都等城市。"卧龙一号"结合物联网、云计算、大数据、人工智能等技术，配备多种高精度传感器，可以识别周围环境并进行高精度的定位和导航，甚至能上下楼梯。强大的数据分析和运算能力让"卧龙一号"成为一个智能体，如图10-7所示。

图 10-7 苏宁无人配送小车"卧龙一号"

笔记

2018年5月，阿里巴巴与速腾在阿里菜鸟全球智慧物流峰会上联合发布了无人物流车 G Plus。该车在行驶方向上拥有强大的 3D 环境感知能力，能看清楚行人、小汽车、卡车等障碍物的形状、距离、方位、行驶速度、行驶方向，并指明道路可行驶区域等，从而能在复杂的道路环境中顺利通行，如图 10-8 所示。

图 10-8　阿里巴巴无人物流车 G Plus

拓展阅读

与本章内容相关的更多知识，请参考本书配套教学资源中的拓展阅读。

文本：拓展阅读

练一练

1. 模拟体验在智慧驿站中，快递公司分拣包裹。体验者通过直接拍摄或上传快递包裹图片信息到平台，平台运用强大人工智能程序，通过图像识别系统，快速判断包裹的大小、形状、品牌标识、标签和 3D 形态等，帮助消费者最快速地分类和挑拣快递。

2. 模拟体验在智慧运输中，快递公司在运输线路上智能选择最优路线。体验者通过直接拍摄或上传快递包裹图片信息到平台，平台运用强大人工智能程序，通过图像识别系统，快速判断最优路线，最快速地完成运输任务。

第 11 章　智慧新零售

小时候夏天坐公交车，在终点站等车辆出发时经常会看到兜售冰矿泉水的小贩。后来，随着公交车场管理越来越正规，这些卖冷饮的小贩也渐渐消失了。如今很多公交车在夏日都早早开启了空调，如果此时能再来一杯冰爽的饮料，那就更完美了。沈阳的 186 路公交车上就安装了自动售货机，而自动售货机又涉及哪些人工智能技术呢？通过本章的学习读者可以找到答案。

PPT：11-1
智能新零售

教学目标

1）了解人工智能在零售业中的应用。
2）了解智能货柜及其应用场景。
3）了解智能试衣的应用场景。

笔 记

基本概念

零售业（Retail Industry）：通过买卖形式将工农业生产者生产的产品直接售给居民作为生活消费用或售给社会集团供公共消费用的商品销售行业。

新零售（New Retailing）：即企业以互联网为依托，通过运用大数据、人工智能等先进技术手段，对商品的生产、流通与销售过程进行升级改造，进而重塑业态结构与生态圈，并对线上服务、线下体验以及现代物流进行深度融合的零售新模式。

自动售货机（Vending Machine，VEM）：一种能根据投入的钱币自动付货的机器。自动售货机是商业自动化的常用设备，它不受时间、地点的限制，能节省人力、方便交易。这是一种全新的商业零售形式，又被称为 24 小时营业的微型超市。

> 小档案：全球首个"无人大超市"
>
> 推出无收银员的无人连锁便利店两年后，亚马逊于 2020 年在西雅图开设了第一家名为 Amazon Go Grocery 的无人超市，扩大了监控式购物的覆盖范围，

消费者拿完商品就走，无须排队付款。有评论称，这种无人超市开创了"即购即用"时代，对传统零售店形成威胁。消费者通过扫描一款智能手机应用程序之后，就可以漫步在琳琅满目的货架之间，而在人工智能技术的帮助下，头顶上的摄像机和传感器可以跟踪其放入购物车中的所有物品。消费者不必在收银台进行"扫码然后付款"的老方法，在通过出口后不久，商品金额就会从购物者的账户中自动扣除。

理论知识

笔 记

问题的提出：为什么要用深度学习？深度学习是人工智能发展的重要拐点，它几乎出现在当下所有热门的人工智能应用领域，包含语义理解、图像识别、语音识别及自然语言处理等。人工智能技术正在快速发展，其中尤以深度学习所取得的进步最为显著，其所带来的重大技术革命，甚至有可能颠覆长期以来人们对互联网技术的认知，实现技术体验的跨越式发展。从研究角度看，深度学习是基于多层神经网络的、以海量数据为输入的、发现规则自学习的方法。

深度学习的概念和核心思路

深度学习是一种以人工神经网络（ANN）为架构，对数据进行表征学习的算法，即可以这样定义：深度学习是一种特殊的机器学习，通过学习将现实使用嵌套的概念层次来表示并实现巨大的功能和灵活性，其中每个概念都定义为与简单概念相关联，而更为抽象的表示则以较不抽象的方式来计算。目前已经有多种深度学习框架，如深度神经网络、卷积神经网络、深度置信网络以及递归神经网络，并被应用在计算机视觉、语音识别、自然语言处理、音频识别与生物信息学等领域，取得了极好的效果。通过多层处理，逐渐将初始的"低层"特征表示转换为"高层"特征表示后，用"简单模型"即可完成复杂的分类等学习任务。由此，可将深度学习理解为进行"特征学习"或"表示学习"。以往在机器学习用于现实任务时，描述样本的特征通常需由人类专家来设计，这称为"特征工程"。众所周知，特征的好坏对泛化性能有至关重要的影响，人类专家设计出好特征也并非易事；特征学习（表示学习）则通过机器学习技术自身来产生好特征，这使机器学习向"全自动数据分析"又前进了一步。

把学习结构看作一个网络，则深度学习的核心思路如下：

1）将无监督学习应用于每一层网络的 Pre-train（预处理）。

2）每次用无监督学习只训练一层，将其训练结果作为其高一层的输入。

3）用自顶而下的监督算法去调整所有层。

11.1　人工智能在零售业中的应用

微课 11-1
人工智能在
零售业中的
应用

　　人工智能已然广泛应用于零售业中，各大零售厂商也在多个业务领域对人工智能的应用展开了竞争。同时，为应对人工智能带来的挑战，一些商店和电子商务参与者已经开始使用人工智能和机器人来改进零售空间。随着计算机视觉技术的发展与无人零售商店的出现与普及，未来几年，越来越多的零售商也将会主动或被迫卷入人工智能的"浪潮"中。

　　目前，零售业市场规模逐年递增，为人工智能提供了多样的应用场景。根据数据显示，我国社会消费品零售总额在 2017 年达到 366 262 亿元；2018 年，全国社会消费品零售总额达到 380 987 亿元。2019 年，我国社会消费品零售总额达到 411 649 亿元，同比增长 8%，如图 11-1 所示。不断增长的零售业市场规模，为人工智能在零售行业的应用提供了可能，"新零售"应运而生。

图 11-1　2014—2019 年我国社会消费品零售总额及增长情况

　　2016 年 10 月的阿里云栖大会上，"新零售"的概念被首次提出。以互联网为依托，运用大数据、人工智能等先进技术手段重塑零售模式得到了各界的认可和重视，"新零售"持续升温。2018 年，"新零售"快速发展，通过整合线上、线下资源和优势聚集成新的发展动能，带动了消费的显著增长。现在正值"新零售"大变革时期，面对零售业的海量市场，充分发挥高科技的作用将有利于零售企业在变革中占领高地。"人工智能+零售"释放出新的商机，吸引着零售企业的目光。凯捷咨询报告称，2018 年有超过 1/4 的零售商部署人工智能，较 2017 年的 17% 和 2016 年的 4% 有显著增长，如图 11-2 所示。报告乐观预测，人工智能的有效使用将为零售业创造 3400 亿美元的商机。

笔 记

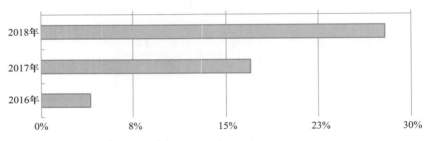

图 11-2　全球部署人工智能的零售商占比

由人工智能引发的创新模式为零售企业提供了许多新的机会，也为消费者营造了高度个性化的购物体验和场景。人工智能的应用主要通过以下几种方式实现。

1）通过计算机视觉和模式识别等技术，可以对电商平台的大量图像进行分类和搜索，在信息不完整的情况下，自动识别图像和关键字，为消费者提供便捷的消费体验。

2）通过集成传感器和特征学习，使零售商能够更好地分配营销支出，识别和培育高价值客户，有针对性地进行营销。

3）使用自然语言处理，将线上消费者的浏览记录、消费历史等数据分解成数百个碎片化的实时决策，帮助消费者达到满意的购物体验。

4）应用基于深层神经网络的尺寸和包装解决方案，以消费者需求的精准预测来优化库存管理。

5）加强人与计算机之间的接口和通信，融合人类的创造力和常识，强化机器的认知，优化机器的图像识别能力，实现智能化购物。

从应用对象来划分，人工智能可应用于零售业的人和货：人工智能可以为客户提供优质的体验，个性化的购物方案（包括商品推荐、个性化价格和促销方案等），以及个性化广告推送等，如图 11-3 所示；人工智能还可以优化商品和供应链的运营，包括物流运营的实时优化、整体的价格和促销优化等，如图 11-4 所示。

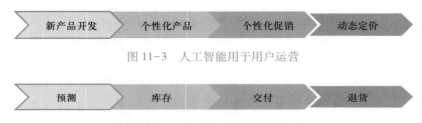

图 11-3　人工智能用于用户运营

图 11-4　人工智能用于货物运营

从零售环节来划分，人工智能可以用于设计、生产、推荐、售卖、支付等环节。在设计环节，通过智能系统，可以把用户特定的体型数据，如肩宽、袖长、胸围、腰围、腿长等数据输入到系统，个性化生成服装样板。在生产环节，可以利用大数据和物联网技术，为每件衣服标上一个独立的标签，跟踪每件衣服的生产流程，自动指挥工人生产或者包装。在售卖环节，以 eBay 的智能试衣间为例，用户进入商店后，可以通过触摸屏浏览店内商品选择想要的衣服，触摸屏内置了处理器和摄像头，可以动态识别用户的身体特征，给出个性化建议，并且可以通过虚拟试衣间进行快速试衣。在支付环节，人脸识别、语音识别、生物识别等人工智能技术实现了传统支付方式向创新支付方式的转变。

11.2 智能货柜

随着人工智能、机器视觉等技术的发展，识别设备、感应设备等硬件的升级，以及移动支付技术的成熟，以无人零售为代表的新零售逐渐受到零售厂商的关注。无人商店成为全球零售业的一种新趋势。阿里巴巴等电商零售业知名企业开始尝试无人商店售卖模式，一些中小型创业公司也凭借其在人工智能技术方面的优势，在无人零售领域崭露头角，如图 11-5 所示。

图 11-5　YI Tunnel 智能货柜

无人零售主要分布在写字楼、交通站点、社区、商场、办公室、电梯间等应用场景中，主要表现为开放货架、自动贩卖机和无人便利店 3 种形式。人工智能在零售业的应用使无人零售趋向智能化，目前已基本可以实现多人识别、多种商品同时识别。2018 年 3 月，便利蜂商贸有限公司宣布将无人货架升级为智能货柜，此次升级能够有效解决无人货架的货损问题。此外，由于智能货柜具备通电和在线的特点，货柜投放部门能实时掌握每个点位的库存信息，补货会更加精准和及时，也能推出更符合用户需要的商品，如图 11-6 所示。

笔 记

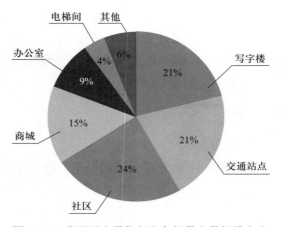

图 11-6 我国无人零售行业各场景交易规模占比

笔 记

　　智能货柜识别技术目前分为重力传感、RFID 标签和图像识别 3 种。重力传感技术根据重力来识别产品，但是在识别重量相同的产品时可能会出现误差。RFID 技术使用时需要在商品上添加电子标签，货柜通过识别标签来完成结算。然而，RFID 产品成本较贵，且对金属和液体类物品识别的准确度不高。图像识别技术基于计算机视觉来识别商品，可以应用于复杂场景和多品类商品的识别，对于 RFID 不易识别的金属和液体也能准确识别。图像识别技术还可以将无人售卖过程中的人、货、店三者打通，实现数字化连接，通过采集和分析大数据，个性化地服务消费者。

　　以 YI Tunnel 公司在图像识别的应用为例，该公司的纯视觉无人商店 Super YI 不需要专人看管，只设置货架和摄像头。顾客将需要购买的商品放到购物篮中，在出门的瞬间可以完成免密支付，同时接收账单。基于计算机视觉的图像识别技术能够对无人零售店的商品进行自动识别、拍图购物以及人脸支付，在零售业的发展中发挥着重要作用。

11.3　智能试衣

　　搭载着人工智能技术发展的"快车"，"穿搭"也迎来了智能时代，智能试衣应运而生。利用虚拟现实、增强现实、人工智能、大数据等技术手段，智能试衣能为顾客所选服装提供全面的信息，并提供穿搭建议，在节省顾客时间的同时，还提升了购物体验，如图 11-7 所示。

　　从顾客进入智能试衣间开始，智能试衣系统就开始收集顾客的面部及身材信息，获得顾客的行为数据，并以这些数据为依据，建立顾客的唯一识别 ID。配有摄像头和交互式显示屏的智能试衣镜能为顾客提供穿搭建议，向顾客推荐心仪的服装，并且通过关联分析将该顾客可能会喜欢的其他关联商品作为推荐备选。通过将人工智能技术和虚拟现实技术结合，消费者还可以在智能试衣镜前进行虚拟试穿。

图 11-7 智能试衣间

智能试衣受到了国内外零售商的认可。著名百货商店 Bloomingdales 的纽约店是最早尝试"智能试衣"的商铺之一，试衣者根本不需要走进试衣间，在试衣间外有一面智能镜，顾客们看中的衣服能在镜子里显示出来，只要往镜子前一站就可以看到穿上新衣后的形象。接着，他们通过墙上的触摸屏将自己在镜前的造型迅速发送到一个网站上，他们的家人和朋友可以在家看到并很快做出评价，如图 11-8 所示。

笔 记

图 11-8 Bloomingdales 里的"智能镜"

拓展阅读

　　与本章内容相关的更多知识，请参考本书配套资源中的拓展阅读。

练一练

　　1. 模拟体验在智慧售卖机中，自动识别商品的场景。智能摄像头实时监控着售卖机中商品的情况，自动根据用户行为抓取对应的商品，实现无人精准售卖商品的目的。

　　2. 模拟体验在智慧货柜中，自动识别商品缺货的场景。智能摄像头实时监控着售货机周围和售货机本身的情况，摄像头每隔几秒将售货机图片传送至平台，平台运用强大的人工智能程序，通过大数据匹配，判断售货机是否缺货，方便相关人员及时补货。

第 12 章 智能交通

　　一辆辆自动驾驶的公交车缓缓停靠站台，车门自动打开，市民排队依次上车，前往商场、单位、学校，摄像头和雷达是它的眼睛、车载终端系统和智能化路侧单元是它的大脑……你是否畅想过这样的智能出行方式？人工智能又是如何赋能交通出行的？通过本章的学习读者或许可以找到答案。

教学目标

PPT：12-1
智能交通

　　1）了解人工智能在交通出行领域的应用。

　　2）了解车牌识别技术的应用场景及基本原理。

　　3）了解无人驾驶、智能网联汽车的含义及其在国内发展近况。

笔 记

基本概念

　　智能交通系统（Intelligent Traffic System，ITS）：又称智能运输系统，是将先进的科学技术（信息技术、计算机技术、数据通信技术、传感器技术、电子控制技术、自动控制理论、运筹学、人工智能等）有效地综合运用于交通运输、服务控制和车辆制造，加强车辆、道路、使用者之间的联系，从而形成一种保障安全、提高效率、改善环境、节约能源的综合运输系统。

　　车牌识别系统（Vehicle License Plate Recognition，VLPR）：计算机视频图像识别技术在车辆牌照识别中的一种应用，是指能够检测到受监控路面的车辆并自动提取车辆牌照信息（含汉字字符、英文字母、阿拉伯数字及号牌颜色）进行处理的技术。车牌识别是现代智能交通系统中的重要组成部分之一，应用十分广泛。

　　无人驾驶汽车（Driverless Car）：通过车载传感系统感知道路环境，自动规划行车路线并控制车辆到达预定目标的智能汽车，也称为轮式移动机器人，主要依靠车内的以计算机系统为主的智能驾驶仪来实现无人驾驶的目的。

智能网联汽车（Intelligent Connected Vehicle，ICV）：车联网与智能车的有机联合，是搭载先进的车载传感器、控制器、执行器等装置，并融合现代通信与网络技术，实现车与人、车、路、后台等智能信息交换共享，实现安全、舒适、节能、高效行驶，并最终可替代人来操作的新一代汽车。

小档案：美国的《国家智能交通系统项目规划》

1995 年 3 月，美国交通部发布《国家智能交通系统项目规划》，明确规定了智能交通系统的 7 大领域和 29 个用户服务功能，并确定了到 2005 年的年度开发计划。7 大领域包括出行和交通管理系统、出行需求管理系统、公共交通运营系统、商用车辆运营系统、电子收费系统、应急管理系统、先进的车辆控制和安全系统。

理论知识

🪶 笔 记

问题的提出：为什么要用 OCR（光学字符识别）服务？随着深度学习在图像识别等领域内的广泛应用，基于深度学习算法的 OCR 技术逐渐取代传统算法。利用光学字符识别技术，将图片上的文字内容直接转换为可编辑文本，不仅能精准快速识别身份证、名片、营业执照、驾驶证等卡证类信息，更有通用 OCR 和手写体识别技术支持更多场景、任意版面的文字信息获取，大大提高了工作效率和用户体验。随着客观大环境的急速转换，云上办公被加速推进，对于基于人工智能技术的 OCR 系统来说，目前市场的需求量也与日俱增。

OCR 技术

OCR（Optical Character Recognition）是指电子设备（如扫描仪或数码相机）检查纸上打印的字符，通过检测暗、亮的模式确定其形状，然后用字符识别方法将形状翻译成计算机文字的过程，简单来讲就是将纸质文档中的文字转换成为黑白点阵的图像文件，并通过识别软件将图像中的文字转换成文本格式，供文字处理软件进一步编辑加工的技术。OCR 技术可应用于银行票据、大量文字资料、档案卷宗、文案的录入和处理领域，适合于银行、税务等行业大量票据表格的自动扫描识别及长期存储。和其他文本相比，通常以最终识别率、识别速度、版面理解正确率及版面还原满意度 4 个方面作为 OCR 技术的评测依据。

通俗地讲，OCR 就是对文本资料和图像文件进行分析识别处理，获取文字及版面信息的过程。衡量一个 OCR 系统性能好坏的主要指标有拒识率、误识率、识别速度、产品的稳定性、用户界面的友好性、易用性及可行性等。深度学习的出现，让 OCR 技术焕发第二春。在 OCR 系统中，人工神经网络主要充当特征提取器和分类器的功能，输入是字符图像，输出是识别结果。

12.1 人工智能在交通出行领域的应用

随着社会经济的发展和生活水平的提高，汽车已成为最普遍的交通工具之一。进入人工智能时代，从网约车到无人驾驶汽车，从交通管理到路径规划，人工智能正在推动交通出行大变革。在国家政策的支持下，随着经济和技术的飞速发展，我国的智能交通行业获得了较大发展，市场规模逐年扩大。作为一个新兴产业，智能交通具有良好的市场效益，未来几年将实现快速发展，如图 12-1 所示。

微课 12-1
人工智能在
交通出行领
域的应用

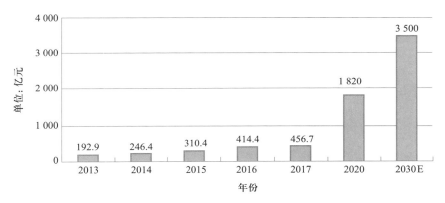

图 12-1 我国智能交通市场规模

人工智能可以使交通出行管理更加高效。通过人工智能来预判交通流量，能够在较短的时间内对历史数据进行分析，能够精确地获得车辆行驶方向、车辆违章情况等信息。阿里巴巴在杭州推行的智慧出行生态系统，利用摄像头分析实时交通流量，让交通信号灯根据即时流量做出调整，优化路口的时间分配，提高交通效率。该系统对于拥堵、违停、事故等也可实时发现。腾讯自带便捷安全的移动端支付能力，目前服务于多个公交公司。除此之外，腾讯云还与多家交通相关企业达成了战略合作，帮助这些企业实现与用户的连接。

人工智能可以有效提高停车效率。智能停车系统一方面可以大大提升车主停车的效率，另一方面也让车位管理者能够更好地配置停车位。此外，随着智能停车系统的使用，管理者可以获得大量的停车数据，为用户提供个性化的服务，如图 12-2 所示。

人工智能技术在交通出行领域的应用更是掀起了无人驾驶的热潮。例如，国内知名互联网企业——百度公司依靠百度地图等大数据产品作为保障，使其无人驾驶技术走在了世界前列。百度无人驾驶技术的测试表明，汽车在行驶过程中能很好地辨别障碍物，必要时停车等待。部分更高层次技术的无人驾驶功能如单车道自动驾驶、交通拥堵环境下的自动驾驶、车道变化自动驾驶等在未来几年内也有望逐步实现。

笔记

图 12-2   智能停车系统在社区的应用

12.2   智能车牌识别

　　人工智能时代，图像识别技术在智能交通领域得到了广泛的应用与发展。交通信息的采集是实现智能交通系统高效运行的关键。交通图像能直观反映交通情况，而图像识别技术可以对交通图像进行分析，获得车辆速度、车辆排队长度、车辆数量等有价值的交通信息，可以在大范围内全方位、实时发挥作用，提高交通效率，保障交通安全，缓解道路拥堵，实现交通运输与管理的智能化。目前，图像识别技术主要应用于车身颜色识别、车身形状识别、车牌识别、运动车辆检测及跟踪、闯红灯抓拍等。其中，车牌识别是图像识别技术非常重要的应用领域之一。基于深度学习的图像识别技术可以提升车牌识别的准确率，实现多维度的识别，如图 12-3 所示。

　　作为交通管理中最重要的环节之一，车辆车牌识别技术主要对汽车监控图像进行分析和处理，自动对汽车车牌号进行识别与管理。车牌识别技术可广泛应用在停车场、高速公路电子收费站、公路流量监控等场合。车牌识别的基本原理为：当车辆通过检测位置时会触发检测装置，进而启动数字摄像设备获取车牌的正面图像，随后将图像上传至计算机管理系统，通过软件算法对车牌上的汉字、字母、数字等符号进行自动识别。识别软件为整个系统的核心部分，主要包括图像预处理、车牌定位、车牌校正、字符分割和字符识别等环节。图像预处理是指在对图像进行识别处理之前，首先需要对图像进行色彩空间变换、直方图均衡、滤波等一系列的操作，以消除环境影响；车牌定位对车牌图片进行二值化和形态学处理，结合车牌特征获得车牌的具体位置；车牌校正是指对拍摄的车牌照片进行角度的校正，从而消除拍摄角度倾斜的影响；字符分割是指通过投影

笔 记

计算获取每一个字符的宽度，进而对车牌分割，以获得单一字符；字符识别是指采用模板匹配对每一个字符进行识别，得出车牌识别结果。图像识别与处理技术在智能交通系统中的应用越来越广泛，对车牌的识别能力也大大增强，如图 12-4 所示。

笔 记

图 12-3　车牌识别示例

图 12-4　车牌识别的流程

12.3　无人驾驶

从 20 世纪 70 年代开始，美国、英国、德国等陆续展开了无人驾驶汽车的研究。近年来，无人驾驶技术在我国也掀起了热潮。科技公司、传统车企、研究机构都在这一领域加快研发并不断创新。2011 年，由国防科技大学在红旗 HQ3 轿车平台上自主研发的无人车，刷新了长达 286 公里的复杂交通状况下的全程无人驾驶新纪录；2018 年，比亚迪与百度合作研发的无人驾驶汽车成功上路测试，与华为联合发布的全自动无人驾驶的比亚迪云轨列车畅游中国花卉博览园，标志着中国首条无人驾驶的跨座式单轨线路正式通车运行，比亚迪银川云轨就此成为中国首条搭载 100% 自主知识产权无人驾驶系统的跨座式单轨。国内其他汽车企业如一汽、东风、广汽、上汽、长安等都开始探索无人驾驶领域，并且取得了初步的成果，如图 12-5 所示。

微课 12-2
无人驾驶

图 12-5　无人驾驶汽车示例

无人驾驶技术涉及计算机、人工智能、自动控制、传感器、导航定位、计算机视觉、信息通信等多种前沿技术。根据无人驾驶的功能模块，可以将无人驾驶的关键技术划分为环境感知技术、定位导航技术、路径规划技术和决策控制技术 4 种，如图 12-6 所示。

笔 记

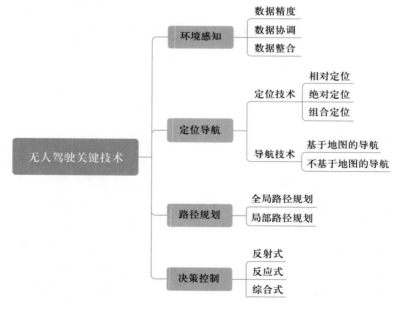

图 12-6　无人驾驶的关键技术

1）环境感知技术是指通过多种传感器对车辆周围的环境信息进行感知。环境信息包括了车辆自身状态信息，如车辆行驶速度、转向度、位置、倾角、加速度等，同时也包括四周环境信息，如道路位置、道路方向、障碍物位置和速度、交通标志等。

2）定位导航技术包括定位技术和导航技术。定位技术可以分为相对定位、绝对定位和组合定位；导航技术可分为基于地图的导航和不基于地图的导航。

3）路径规划技术为无人驾驶车辆提供最优的行车路径。在无人驾驶车辆行驶过程中，行车路线如何确定、障碍物如何躲避、路口如何转向等问题都需要通过路径规划技术来完成。路径规划技术可以分为局部路径规划和全局路径规划。

4）决策控制技术通过综合分析环境感知系统提供的信息，对当前的车辆行为产生决策。在做决策时，还要综合考虑车辆的机械特性、动力特性，从而做出合理的控制策略。常用的决策技术有机器学习、神经网络、贝叶斯网络、模糊逻辑等。根据决策技术的不同，控制系统可以分为反射式、反应式和综合式。

无人驾驶技术的发展为人们带来新鲜感的同时，也将带来许多的便利。那么，无人驾驶离我们还有多远呢？技术的发展并不是一蹴而就的，从"完全没有自动辅助功能的驾驶"到"完全无人驾驶"可以分为 6 个等级，如图 12-7（a）所示。第 0 级是人工驾驶，完全无智能化；第 1 级是由智能系统辅助驾驶，在转向和加减速控制方面由驾驶员和智能系统共同完成，其他方面由驾驶员操作；第 2 级是部分自动驾驶，在转向和加减速上由智能系统独立控制，而其他情况均由驾驶员执行操作；第 3 级实现特定条件下的自动驾驶，智能系统可以自主完成转向、加减速控制以及环境观察；第 4 级实现高度自动驾驶，智能系统在转向、加减速控制、环境观察、紧急情况应对等方面均有较好的表现；第 5 级则是完全自动驾驶，无须驾驶员操作或设置驾驶模式，由系统进行所有操作。如图 12-7（b）所示。

笔 记

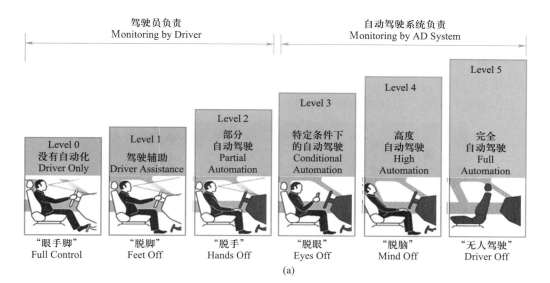

(a)

| 自动驾驶分级 | | 名称 | 定义 | 驾驶操作 | 周边监控 | 接管 | 应用场景 |
NHTSA	SAE						
L0	L0	人工驾驶	由人类驾驶者全权驾驶汽车	人类驾驶员	人类驾驶员	人类驾驶员	无
L1	L1	辅助驾驶	车辆对方向盘和加减速中的一项操作提供驾驶，人类驾驶员负责其余的驾驶动作	人类驾驶员和车辆	人类驾驶员	人类驾驶员	限定场景
L2	L2	部分自动驾驶	**车辆对方向盘和加减速中的多项操作提供驾驶，人类驾驶员负责其余的驾驶动作**	车辆	人类驾驶员	人类驾驶员	
L3	L3	特定条件下的自动驾驶	由车辆完成绝大部分驾驶操作，人类驾驶员需要保持注意力集中以备不时之需	车辆	车辆	人类驾驶员	
L4	L4	高度自动驾驶	由车辆完成所有驾驶操作，人类驾驶员无须保持注意力，但限定道路和环境条件	车辆	车辆	车辆	
	L5	完全自动驾驶	由车辆完成所有驾驶操作，人类驾驶员无须保持注意力	车辆	车辆	车辆	所有场景

(b)

图 12-7　无人驾驶等级

12.4　智能网联汽车

笔 记

　　智能网联汽车实现了车与人、车、路、后台等智能信息的交换共享，具备复杂的环境感知、智能决策、协同控制和执行等功能，可实现安全、舒适、节能、高效行驶，并最终可替代人工操作的新一代汽车。换个角度来看，智能网联汽车包含智能驾驶和智能互联两个部分，智能驾驶解决行车安全和高效问题，智能互联则解决便捷交互和愉悦体验的问题。智能网联汽车包括车联网、车内及车际通信、智能交通基础设施等要素，融合了传感器、雷达、GPS 定位、人工智能等技术，使汽车具备感知环境的能力，这样汽车就能够自行判断当前环境下车辆处于安全还是危险等状态。通过这种感知，汽车就会自己安全到达目的地，最终实现替代人类驾驶的目的，如图 12-8 和图 12-9 所示。

图 12-8　智能网联汽车应用示例

图 12-9 智能网联汽车应用场景示例

智能网联汽车是如何实现的呢？从技术角度来看，智能网联汽车的实现分为辅助驾驶和无人驾驶两个阶段。

辅助驾驶阶段，一级：具有一个或多个特殊控制功能，能为驾驶员提供预警或者辅助；二级：至少两个原始功能融合在一起，驾驶员完全不用对这些功能进行操控；三级：在某个特定的驾驶交通环境下，让驾驶员完全不用控制汽车。

无人驾驶阶段，四级：全程监测交通环境，能够实现所有的驾驶目标，在任何时候驾驶员都不需要对车辆进行控制，如图 12-10 所示。

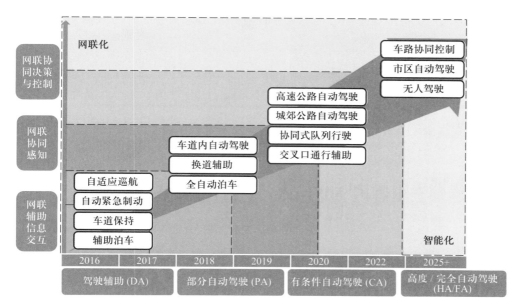

图 12-10 智能网联汽车技术发展轨迹图

　　2016 年开始，国内互联网知名企业纷纷进入车联网行业，同时也诞生了很多"造车新势力"，车联网迎来一个全新的发展时代。

　　2018 年 3 月，全国首批智能网联汽车开放道路测试号牌发放。上汽集团和蔚来汽车拿到第一批智能网联汽车开放道路测试号牌，当天下午，两家公司研发的智能网联汽车展开了首次道路测试。2019 年 8 月，上汽集团等企业获得首批智能网联汽车示范应用牌照，可先行在城市道路中开展示范应用，探索智能网联汽车的商业化运营。

拓展阅读

　　与本章内容相关的更多知识，请参考本书配套教学资源中的拓展阅读。

练一练

　　1. 模拟体验在智慧火车站中，基于前面对文字识别技术在信息扫描等应用场景的学习了解，依托人工智能实训平台进行图像编程运行等一些实训过程。可完成车辆识别的场景模拟，通过将道路的图片上传至平台，平台将运用人工智能算法和大数据匹配进行文字识别，将图像中的号码、文字内容提取出来，与原有的数据库对比，显示出火车票信息。

　　2. 模拟体验在智慧停车场中，基于前面对文字识别技术在信息扫描等应用场景的学习了解，依托人工智能实训平台进行图像编程运行等一些实训过程。可完成车牌识别的场景模拟，通过将道路的图片上传至平台，平台将运用人工智能算法和大数据匹配进行文字识别，将图像中的号码、文字内容提取出来，与原有的数据库对比，显示出车辆信息。

第 13 章　智能建筑

在大基建、城市化建设如火如荼展开的当下，工地安全负责人为了工友们能够"高高兴兴上班，平平安安回家"也是煞费苦心，但是总有个别人因缺乏安全意识，导致一念之差铸成大错。那么，如何帮助工地安全负责人在第一时间发现施工安全隐患？本章中将结合人工智能，完成实训——安全帽佩戴识别，希望读者能够切实地了解人工智能为建筑领域的工作带来的改变。

PPT：13-1
智能建筑

教学目标

1）了解人工智能在建筑领域的应用和前景。
2）了解工地上的安全隐患。
3）了解智慧工地及其应用场景。

笔 记

基本概念

智能建筑系统（Intelligent Building System）：智能化建筑通过对建筑的 4 个基本要素，即结构、系统、服务、管理及其内在的关联的最优化考虑，来提供一个投资合理的同时又拥有高效率的舒适、温馨、便利的环境，并帮助建筑物业主、物业管理人员和租用人实现在费用、舒适、便利和安全等方面的目标，当然还要考虑长远的系统灵活性及市场能力。

> **小档案：将人工智能融入三维建模引擎**
>
> 通过三维建模技术获取到的实景三维底图，要在实际的智慧城市、数字孪生、工业自动化、智能建筑、智慧交通、虚拟现实（VR）沉浸式体验、智能反恐安防等诸多领域应用落地，就必须做到可测量、精细化、高精度。2019 年，大势智慧科技有限公司在北京发布了自主研发的人工智能建模引擎 G-Engine。该引擎

在计算性能方面，比国外同类软件处理效率高 30%～50%，针对小物体的建模与三维扫描仪的建模相对照，偏差可以控制在 0.2mm 以内。值得一提的是，人工智能算法使得 G-Engine 可以自动识别出单栋房屋、山、水、道路等物体，实现三维模型的 AI 语义标记，以及更加细致的调取测量数据。

理论知识

问题的提出：三维重建技术通过深度数据获取、预处理、点云配准与融合、生成表面等过程，把真实场景刻画成符合计算机逻辑表达的数学模型。这种模型可以对如文物保护、游戏开发、建筑设计、临床医学等研究起到辅助的作用。人的大脑可以具象地刻画出一个物体的三维立体形态，人工智能则旨在模拟人脑运作的过程，那么，人工智能如何能做到图像的三维重建呢？

笔 记

三维重建技术

三维重建（Three-Dimensional Reconstruction）：在计算机视觉中，三维重建是指根据单视图或者多视图图像重建原始三维信息的过程。单视图缺少深度、多视角信息，基于单视图的三维重建效果较一般。基于多视角图像的三维重建，充分利用了多视角拍摄信息，其先对摄像机进行标定并计算出摄像机的图像坐标系与世界坐标系的关系，然后利用多个二维图像重建出三维信息。

当前三维重建技术主要分成两大技术方向：

1）基于视觉几何的传统三维重建。这种三维重建方法研究时间较久远，技术相对成熟，其主要通过多视角图像对采集数据的相机位姿进行估计，再通过图像提取特征后进行比对拼接完成二维图像到三维模型的转换。

2）基于深度学习的三维重建。这种方法主要使用深度神经网络超级强大的学习和拟合能力，可以对 RGB 或 RGBD 等图像进行三维重建。这种方法多为监督学习方法，对数据集依赖程度很高。由于数据集的收集和标注问题，目前多在体积较小的物体重建方向上研究较多。

13.1　人工智能在建筑领域的应用

人工智能技术的投入和发展给建筑界带来了转型和革新，两者的融合运用必将会带来空前的高效设计环境和管理环境。举个例子，英国兰卡斯特大学研发的智能机器人通过传感器获取多种信息，可以完成从施工现场的导航、任务的前期规划到实际操作各个环节的任务，并能够根据现场的情况自行调整规划策略，同时也为现场施工人员提供更好的安全保障，如图 13-1 所示。

微课 **13-1**
人工智能在
建筑领域的
应用

图 13-1　施工机器人

在建筑领域中，人工智能技术可以在场地设计、建筑本体设计、结构设计、施工管理等方面发挥巨大的作用。

（1）人工智能技术在建筑设计前期工作中的应用

建筑设计是一项复杂的系统工程，尤其是前期阶段的时间成本更大，前期阶段占去了 50% 的设计时间，产出大概是总设计费的 40%。除了开发商的主观意见，房价波动或相关政策的出台等都会导致方案的调整甚至推翻。值得欣慰的是，当前人工智能技术已经可以可靠地应用于建筑设计的前期工作。

人工智能建筑师 XKool 结合了大数据、机器学习、云端智能显示等多种先进技术，将多种先进算法融入最简易的操作中，被戏称为建筑界的 AlphaGo，如图 13-2 所示。

笔 记

图 13-2　人工智能建筑师 XKool（小库）

XKool 是一款应用于实际建筑应用层面上的人工智能建筑设计系统，只需要一台联网设备就能帮助建筑师和开发商完成常规的分析、规划和建筑设计前期工作。根据 XKool 的产品性能介绍，它可以介入整个设计阶段的前 2/3，包括拿地强排、概念设计等，还可以对接后期深化设计和施工。

（2）人工智能技术在建筑结构设计中的应用

受外界环境因素和自身材料老化的影响，长期使用的建筑物会出现裂缝及磨损；环境的振动，如地震也会导致建筑物承受破损。建筑结构安全事关重大，以往的建筑物结构损伤检测，采用的是大量布设检测传感器的方法。现在，科学研究人员尝试利用人工智能技术中的视觉识别技术对土木工程的结构损伤进行有效识别，并且利用深度学习的方法得到结构外观的实际状态，从而得到外观与结构损伤之间的联系，如图 13-3 所示。

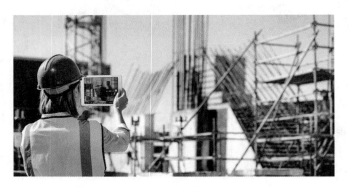

图 13-3　人工智能在建筑结构设计中的应用

（3）人工智能技术在建筑施工中的应用

建筑施工中也可以广泛应用人工智能技术：

1）利用人工智能技术建立资源调配的模型，跟踪进度计划。

2）利用无线网络技术、近场通信技术（NFC）以及蓝牙技术，对室内的工作状况进行跟踪；再结合全球定位系统，对户外情景进行相应的监控，以此来实现对项目的远程进度管理。

3）建筑工人在工作中的意外伤亡率高于其他劳动者，分析其主要原因是跌落，其次是物体撞击或触电死亡。应用人工智能，可以有效降低安全事故的发生，如图 13-4 所示。

（4）人工智能技术在建筑运维中的应用

建筑的生命不仅仅存在于优美、壮观的结构中，更存于人们长期使用时所体验到的幸福感中。建筑的后期运维和管理也是至关重要的环节，从简单的人脸识别、指纹开锁到复杂的智能家居系统，人工智能已经成功地在人们的日常生活中提供越来越便捷的服务，如图 13-5 所示。

图 13-4　利用人工智能识别安全帽

图 13-5　人脸识别

　笔 记

　　例如，深圳阿里中心共享空间就致力于利用智能软硬件和物联网技术，提升租户的使用体验。首先，该空间通过智能建筑网管接入了各类机电设备，包含人脸识别摄像头、门禁、密码锁、环境传感器、空调、电表以及照明系统，鼓励租用空间的第三方在此基础上进行应用开发。此外，该空间智能建筑平台通过人脸识别引擎和机器学习算法，快速识别和分析办公空间的人员，能够实现非授权用户的提前识别和劝阻、授权用户的无感通行。

13.2　人工智能在建筑领域的发展趋势

　　1）实现建筑设计过程的数字化和个性化。在建造前的设计阶段，借助人工智能实现设计、采购、生产、施工、运维各个阶段的数字化模拟，得到设计模型、施工和商务方案的数字化样品，用户可以通过 VR、AR 等交互式体验提前看到成品，并定制产品模型。

2）建造过程精细化和智能化。基于数字化样品，可将施工工序精确到最小单位并推送到人。借助电子标签和智能穿戴设备，对所有施工人员和材料物资及时识别，精准管理材料物资流动，追踪和分析人员活动轨迹和分布，识别安全风险并智能预警干预，如图 13-6 所示。

正立面　　　　　　侧立面

1—帽壳　2—智能模块　3—固定支架
图 13-6　IGH 智能安全帽构造示意图

3）运维过程全面感知和自动适应。借助传感技术、物联网技术、深度学习技术，对环境、用户体验等各类复杂情况进行快速建模，控制和自动调节建筑内的各类设施设备，为用户提供舒适、健康的建筑空间和人性化服务。

运用人工智能技术替代大量简单重复的体力和脑力劳动，可以很好地解放人力，提高工作效率。人工智能系统还能够在高温、高压、水下等人类难以适应的环境中工作，从而降低建筑施工、维护时场景限制。

13.3　智慧工地及其应用场景

智慧工地通过安装在建筑施工作业现场的各类监控装置，构建智能监控和防范体系，有效弥补传统方法和技术在监管中的缺陷，实现对人员、机械、材料、环境的全方位实时监控，变被动"监督"为主动"监控"，真正做到事前预警、事中常态检测、事后规范管理，将工地安全生产做到信息化管理。

总部数据看板如图 13-7 所示，主要展示总项目（工地）数量、工人数量、物资设备数目、工地环境状况（正常与超标比率）、近 30 天达标率排名、PM2.5/PM10 排名、总项目（工地）安全帽报警事件总数、近 30 天事件处理率、告警事件数排名、告警事件处理率排名、安全帽佩戴率排名。

微课 **13-2**
智慧工地及
其应用场景

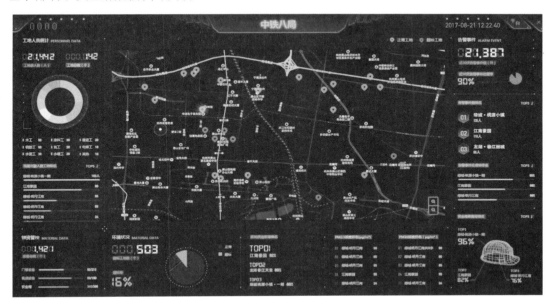

图 13-7　总部数据看板

1）项目部数据看板：展示项目相关的所有信息，如工地基础信息、考勤信息、环境监测信息。

2）实名制考勤系统：根据实名考勤打卡制度可以让施工企业随时了解每日用工数。实名制考勤实到实签，使总包对劳务分包人数、情况明细、人员对号等调配有序，从而实现劳务精细化管理。

3）安全生产系统：安全生产分为安全帽管理、佩戴情况统计、安全帽事件统计和危险源越界统计 4 个部分。

4）视频联网系统：工地现场施工安全监督子系统具备立体防控及监控点预览和回放功能，对外实时展示工程总体情况，对内查看工地施工过程。

5）施工升降机安全监控系统：前端监控装置和平台的无缝融合实现了远程、开放、实时动态的施工升降机作业监控。

6）环境监测子系统：实现了通过环境监测设备对温度、湿度、噪声、粉尘、气象的监测，以及收集和报警联动等功能，如图 13-8 所示。

7）车辆出入管理子系统：利用视频监控技术，在各建筑工地出入口配备图像抓拍识别设备，管理车辆进出并记录合法车辆进出记录明细和图片，图片保留记录渣土车出场覆盖记录，记录材料车辆进出装载情况信息，配合车辆黑名单预防黑车出入导致的车辆事故，同时将出入信息推送至地磅等三方系统，如图 13-9 所示。

笔 记

 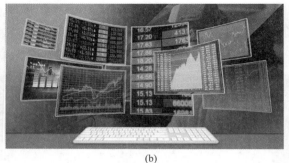

(a)   (b)

图 13-8   环境监测子系统显示屏

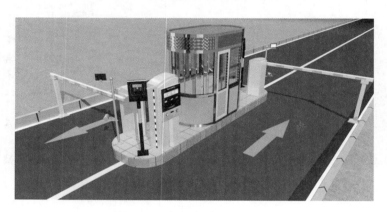

图 13-9   车辆出入管理示意图

笔 记

8）塔吊安全监控子系统：塔吊对安全性能要求非常高，属于高危作业，事故发生率很高。塔吊运行的安全监控，无论是单塔吊的运行，还是大型工地多数量的塔吊群同步干涉作业，在施工中均需要注意防碰撞预警。塔吊安全监控子系统主要功能如下：

① 实时监测数据显示。

② 运行状态检测预警报警。

③ 检测数据超载自动限位。

④ 智能防碰撞功能。

拓展阅读

与本章内容相关的更多知识，请参考本书配套教学资源中的拓展阅读。

练一练

1. 模拟体验在智慧工地中，基于前面对人工智能技术在建筑工地安全生产、安全检测及管理等应用场景的学习了解，依托人工智能实训平台对"实训项目"预设的实训题目进行解答、编程运行等一系列操作，通过平台算法对安全帽佩戴状态分析，辨识后将安全帽佩戴结果进行返回并显示，完成安全帽佩戴识别场景模拟实训。

2. 模拟体验在智慧商店中，基于前面对人工智能技术在建筑材料分拣管理等应用场景的学习了解，依托人工智能实训平台对"实训项目"预设的实训题目进行解答、编程运行等一系列操作，通过平台算法对建筑材料种类的识别进行返回并显示，完成建筑材料识别场景模拟实训。

第 14 章　智慧教育

PPT：14-1
智慧教育

智能时代的教育，将更加注重培养学生的创新能力和合作精神，实现更加多元、更加精准的智能导学与过程化评价，促进人的个性化和可持续发展。人工智能赋能教师，将改变教师角色，促进教学模式从知识传授到知识建构的转变，同时缓解贫困地区师资短缺和资源配置不均的问题；人工智能赋能学校，将改变办学形态，拓展学习空间，提高学校的服务水平，形成更加以学习者为中心的学习环境；人工智能赋能教育治理，将改变治理方式，促进教育决策的科学化和资源配置的精准化，加快形成现代化的教育公共服务体系。

教学目标

笔 记

1）了解人工智能在教育中的应用。
2）了解人工智能教育应用所面临的挑战。

基本概念

智慧教育（Smarter Education）：通过构建技术融合的学习环境，让教师能够施展高效的教学方法，让学习者能够获得适宜的个性化学习服务和美好的发展体验，使其由不能变为可能，由小能变为大能，从而培养具有良好的价值取向、较强的行动能力、较好的思维品质、较深的创造潜能的人才。

> **小档案：AR 图书**
>
> 　　在教育领域里最早运用增强现实技术的案例是毕灵赫斯特制作的魔法书（Magic Book）。它根据书本内容制作成 3D 场景和动画，并且利用一个特殊的眼镜就能让儿童看到虚实相结合的场景。顿瑟和霍纳科尔以寓言故事为载体，通过

阅读来完成故事设定的挑战性任务，对儿童的学习行为进行观测和分析。研究发现，儿童普遍认为 AR（增强现实）环境新颖有趣。而后他们又根据数据反馈，设计了针对七岁儿童阅读的 AR 书，主要分析儿童是如何将真实世界的知识技能与 AR 环境建立起有意义的联系的。研究得出，AR 交互与真实世界的交互基本一致，而这种新奇的显示效果使得儿童的阅读兴趣大大提升。

理论知识

问 题的提出：增强现实（AR）、虚拟现实（VR）、人工智能和大数据等已在生活中广泛应用，使用 AR 技术的内容也已大众化，街上的 VR 体验设施随处可见，各企业在大数据基础上把握消费动向，通过人工智能向消费者介绍更好的消费方案。那么，AR/VR 是如何运作并应用到实际生活中的呢？

笔 记

虚拟现实与增强现实技术

虚拟现实（Virtual Reality）：最早由乔·拉尼尔在 20 世纪 80 年代初提出，是集计算机技术、传感器技术、人类心理学及生理学于一体的综合技术，通过利用计算机仿真系统模拟外界环境，主要模拟对象有环境、技能、传感设备和感知等，为用户提供多信息、三维动态、交互式的仿真体验。

增强现实（Augmented Reality）：将真实世界信息和虚拟世界信息"无缝"集成的新技术，是把原本在现实世界的一定时间空间范围内很难体验到的实体信息（视觉信息、声音、味道、触觉等），通过计算机等科学技术，模拟仿真后再叠加，将虚拟的信息应用到真实世界，被人类感官所感知，从而达到超越现实的感官体验。

就像介绍 VR 和 AR 的定义时所讲，可以简单地认为 VR "全都是假的"，而 AR 是"半真半假"的。VR 是把人的意识带入到一个虚拟的世界里，而 AR 则是把虚拟的信息带入到现实世界中。VR 是虚拟的入口，注重虚拟的真实感，使人忘记其正身处虚拟环境之中；而 AR 是虚拟与现实的连接入口，与 VR 设备主张的虚拟世界沉浸不同，AR 注重虚拟与现实的连接，是为了达到更震撼的现实增强体验。

目前主流的 VR 设备是通过创建一个虚拟的三维场景，并追踪人的位置、头部、动作等信息来进行交互的；而目前主流的 AR 设备是通过设备识别判断（二维、三维、GPS、体感、面部等识别物）将虚拟信息叠加在以识别物为基准的某个位置，并显示在设备屏幕上，可实时交互虚拟信息。

14.1 人工智能与教育的深度融合

近年来，人工智能对教育的影响越来越受到重视和关注，一系列推进人工智能教育应用的战略与行动规划陆续出台。2017 年 7 月，国务院印发了《新一代人工智能发展规划》，明确提出发展智能教育。2018 年 4 月，教育部发布《高等学校人工智能创新行动计划》和《教育信息化 2.0 行动计划》，进一步明确了人工智能与教育融合发展，还启动了人工智能助推教师队伍建设行动试点工作。

微课 14-1
人工智能与
教育的深度
融合

人工智能是引领新一轮科技革命和产业变革的重要驱动力，正深刻改变着人们的生产、生活、学习方式，推动人类社会迎来人机协同、跨界融合、共创分享的智能时代。把握全球人工智能发展态势，找准突破口和主攻方向，培养大批具有创新能力和合作精神的人工智能高端人才，是教育的重要使命。

2019 年 2 月，中共中央、国务院印发了《中国教育现代化 2035》，"加快信息化时代教育变革"被列入推进教育现代化的十大战略任务，明确了推进智能教育应用的部署，这既反映了时代要求，也顺应了未来发展趋势。

在新一轮科技革命强大冲击下，应当积极推进人工智能与教育深度融合，主要举措包括以下几个方面。

（1）为学生提供个性化学习服务

个性化是人工智能与教育融合发展最重要的表现形式，同时也成为人工智能教育领域被频繁提到的一个热词。所谓个性化服务，就是根据学习者的学习风格、学习特征、学习兴趣、学习动机、家庭背景等因素，确定适合其自身发展的学习内容、学习方法和学习模式，为每一位学习者提供多样化、个性化的学习服务，促进学习者充分、自由、和谐发展。在自适应考试、智能口语评测、全学科阅卷等人工智能技术的支撑下，充分利用学习者的学业诊断数据、学习行为数据，并根据学生的学习目标、学习风格、学习习惯以及对知识点的掌握情况等绘制学习者画像、资源画像并构建知识图谱，为其制定个性化的学习路径，推送个性化的学习资源，从而提供精准、富有实效的个性化服务。目前，应用较为成熟的个性化服务平台包括智能导学系统和个性化自适应平台等。

智能导师系统作为人工智能与教育融合发展的一个重要应用，借助人工智能技术，让计算机扮演虚拟导师向学习者传授知识、提供学习指导的适应性学习支持系统，聚焦于个性化学习、辅助性学习以及学习精准测评等内容，包括学习者建模、计算机化、自动预测、辅助教学、学习对象排序、问题复杂性、学习分析、算法、认知增强、教育数据挖掘和自然语言处理等。该系统能够根据学生特征、兴趣、习惯、活动以及需求等制定个性化学习计划，利用案例推理和模糊系统实现学习者学习风格和学习内容的自适应学习，有利于学生的个性化学习，目前已经广泛应用于欧美教育领域，在促进学生个性化学习方面发挥了重要作用。

个性化自适应平台是利用人工智能构建自适应学习环境的重要手段，主要用来优化学习步调和教学方法以满足每位学习者的需求。目前，个性化自适应学习平台结合机器学习技术，已经得到了广泛应用。例如，Knewton 作为目前影响力较大的自适应学习平台，借助心理测量模型和贝叶斯网络等概率模型来评估学习者的知识状态，并基于学科知识图谱进行学习路径推荐，为学习者提供自适应学习体验和预测分析，来提高学生的学习成绩。在人工智能技术的支持下，结合大数据的学习行为分析技术，能够建立更加精准的学习者模型和学科知识本体库与知识图谱，更加智能地自适应调整学习过程，并有针对性地为学生推送适合的学习内容，从而快速提高学习效率、提升学习效果。"英语流利说"推出的"懂你英语"，便是一种基于人工智能技术的自适应智能英语课堂。此外，我国本土化的知名自适应学习产品还有猿题库、图索教育、义学教育等。

（2）为教师教学提供全方位支持

人工智能时代，学习者的学习将更加趋向于个性化，强调创新型人才的培养。这为当前教师提出了更高的要求和挑战，要求教师开展有针对性的教育服务，为学生提供个性化的教育和个性化的培养。人工智能技术的出现与发展在一定程度上能够将教师从传统的教学事务中解放出来，助力教师的角色更加贴近教育的真实目的，以更好地开展个性化教育，实现因材施教。由此，在未来的教育生态中，人机共存将成为一种可以预见的教育模式，智能出题、智能批改、智能阅卷、智能化的辅导，各种评价报告的自动生成，以及针对学生因人而异的给学生提供各种反馈等都将成为常态化的应用，助力教师突破传统的教师角色，走向智慧型教师。人工智能利用这种模式能够为教师在教学过程、教学管理、教学评价等方面提供全方位的支持。

传统的教学中，课堂讲授、答疑辅导、作业批改等工作都由老师亲自完成，这些工作占据了教师大量的工作时间，但是人工智能技术的发展能够将教师从这些传统、重复、机械的工作中解脱出来，使得教师有更多的时间投入到真正的教书育人中。人工智能时代，课堂教学中辅导答疑任务可以由虚拟代理来替代，作业批改可以由学习伙伴或系统来支持，帮助教师从重复性的工作中解脱出来。

传统的教育体系中，教师不仅要完成课堂中知识讲授的任务，还需要时刻关注学生的日常表现、心理变化、家庭情况等因素，为每一位学生提供个性化的教育服务。人工智能时代，智能机器及大数据技术能够采集学习者的全样本、全过程数据，分析计算每位学习者的学习心理和外在行为表现特征，绘制学习者画像，帮助教师精准把握学生的认知结构、能力结构以及情感特征，从而为每位学习者的个性化学习以及教学管理提供个性化服务。此外，人脸识别、情感计算等技术与智能管理系统的融合应用，使得对学生在校园内学习、生活、管理等数据的采集更加全面，为教师进行科学化的教学管理奠定了良好的基础。

（3）为管理者决策提供数据化支撑

人工智能为管理者进行教育管理与决策提供支持，主要体现在两个方面：一是借助人工智能实现自动化管理，例如在校园安全方面，通过人脸识别、物联网等技术既可以控制校外人员进出学校又能够实时监测校园内学生的学习生活情况，在第一时间发现问题、解决问题；二是借助人工智能实现智慧管理以及基于数据驱动的教育决策，利用大数据技术全面采集学生从入学到毕业的全过程数据，能够动态计算监测学生的学习问题，为教师动态调整教学策略、制定教学计划提供支持。在此基础上，进一步汇聚学校各方面发展数据，包括教学数据、管理数据、科研数据、评价数据以及学校发展数据等，为

笔记

学校管理者在招生、教学、师资、发展以及评价等方面的决策提供支持。

人工智能在教育管理方面的应用主要包括教育决策系统、教师管理、学生管理和校园安全管理。其中，教育决策系统由人工智能与决策支持系统相结合形成，主要利用分析模型来分析教育管理系统中的所有教育大数据，为教育管理者进行决策提供支持。教师管理和学生管理主要依托智能管理教学平台（如极客大数据）对教师教学的数据和学生的学习数据进行收集、分析、可视化，进而实现对教师和学生的高效管理。校园安全管理主要是系统通过学校日常的设备、学生心理等数据进行监督和分析，为学生的身心健康发展提供"绿色"保护伞。这类决策分析服务的原理主要是基于用户教育管理数据、行为数据及相关行业数据，利用商业情报（Business Intelligence，BI）分析、业务建模、数据可视化等技术手段，实现对管理决策活动的数据支撑，并提供监控、模拟和模型预测等功能。

14.2　人工智能在教育中的应用实践

（1）智能导师系统

智能导师系统（Intelligent Tutoring System，ITS）是在学习过程中应用人工智能技术最早的应用场景之一，是多学科综合应用，包括人工智能、教育科学、认知科学、计算语言学和其他领域中的计算模型结合起来的计算机化学习环境。智能导师系统的最原始定义是利用计算机模仿教学专家的经验、方法来辅助教学工作的计算机系统。随着人工智能技术的融入，智能导师系统可以利用人工智能技术模仿人类教师在教学中所承担的角色，为学习者提供个性化学习指导，帮助不同需求和特征的学习者获得知识和技能。智能导师系统是一个多种学科、多种技术的融合体，它的发展与计算机技术的发展有着最直接、最紧密的联系。在发展的初级阶段，智能导师系统只能自动生成各种问题和练习，不能根据学生的水平进行教学安排，不能自动解决问题生成答案。随着技术的不断发展，智能导师系统也在不断升级，逐步具备了自然语言的生成和理解能力、教学内容的解释咨询能力、错误诊断能力和分析能力等人类基础能力。随着人工智能技术的进一步发展，智能导师系统的研究将不仅聚焦于如何帮助学习者理解和掌握知识，而且会促进学习者的个性化发展、为学习者提供环境及感情等全方位支持为发展目标，不断提高智能化程度，为学习者带来更好的学习体验。

微课 14-2
人工智能在
教育中的
应用实践

（2）自适应学习系统

自适应学习系统（Adaptive Learning System）起源于学习管理系统，是指根据学习者的个性特征与具体情况，通过呈现适当信息与学习资料、提供反馈和建议来创设符合学习者需要的智能学习环境的学习系统。自适应学习系统能够采集学习过程中的行为数据，并对学生的学习兴趣、知识水平、学习风格、学习进度等做出分析和预测，以提供个性化的学习服务。

典型的自适应学习平台 Knewton 通过对学生的在线学习过程数据的采集与分析，从学习策略、学习路径和学习内容等方面对学生进行个性化的自适应支持。在自适应引擎设计方面，该平台构建了数据收集、自适应推理和个性化学习支持 3 个模块。其中，数据收集模块采用实时和并行分布式处理两种方式对学生的学习过程大数据进行收集、处理和分析，并与平台的自适应本体进行联系。自适应推理模块的目标在于扩大数据集和从收集的数据中形成视图。该模块包括负责对学生个性和知识掌握程度进行测试的心理测验引擎、评估学生对学习资源和学习环境使用并进行学习策略推荐的策略引擎以及对数据和反馈结果进行归一化处理的反馈引擎 3 个技术引擎。个性化学习支持模块利用所有合并数据所构成的整体网络为学生寻找最优的学习策略。该模块可以进行学习路径和学习内容的推荐，预测学生知识掌握情况和成绩，同时建立学生的统一账户，对其不同时段和不同学科的学习数据进行整理和归一。

（3）智能学伴

智能学伴是人工智能、语音识别和仿生技术在教育中的典型应用。智能学伴是面向教育领域专门研发的以培养学生分析能力、创造能力和实践能力为目标的专业服务机器人，具有教学适用性、开放性、可扩展性和友好的人机交互等特点。智能学伴是多学科、跨领域的研究，涵盖计算机科学、教育学、自动控制、机械、材料科学、心理学和光学等领域。随着机器人技术的不断提高，教育服务机器人在教育领域中的应用越来越普遍，智能学伴作为一个学习工具有巨大的潜力。此外，智能学伴也是一种典型的数字化益智玩具，适用于各种人群，可通过多样化的功能达到寓教于乐的目的。

（4）智能学习环境构建

智能学习环境的核心特征包括以下几点：

1）利用普适计算技术实现物理空间和虚拟空间的融合，基于人工智能技术作为智能引擎，建立支持多样化学习需求的智能感知能力和服务能力，打造联通一体的智能环境，促进人的发展。

2）教育环境的智能化体现在其能够自动感知师生的需求，自动提供智能化服务等，其特征包括自然交互、任务驱动、直观可视、智能管控、自动适应、情境感知、异构通信、无缝移动。

3）无处不在的智能终端与无处不在的网络技术融入教育环境后，将为教育教学提供全新的生态机制，建立学习者与技术之间的新型人机关系。

智慧校园是指一种以面向师生个性化服务为理念，即能全面感知物理环境，识别学习者个体特征和学习情景，提供无缝互通的网络通信，有效支持教学过程分析、评价和智能决策的开放教育教学环境和便利舒适的生活环境。智慧校园是对数字校园的发展和完善，是一种基于物联网、云计算、大数据、人工智能等新一代信息技术的运用，通过与教育教学的深度融合而形成的校园信息化发展的新形态。智能感知技术是智慧校园实现"智慧"的基础。在智慧校园中利用 RFID、QRCode、智能传感器等技术设备可以实现对学习者所在场所、所处位置、访问需求的学习环境感知；利用可穿戴设备和获取学习

笔　记

者的脉搏、血压、生物电等生物特征信息，对学习者身体状态、情绪、心理特征等情况进行感知；同时也可以社会网络分析技术对学习者的社会特征进行感知。在这些感知技术的基础上，就可以实现智慧校园中个性化、泛在性和智能化的服务。智慧教室是一种典型的智能学习环境形态，相较于智慧校园，其更关注于日常的教与学过程。智慧教室能够优化教学内容呈现、便利学习资源获取、促进课堂交互开展，是具有情境感知和环境管理功能的新型教室。智慧教室的"智慧性"涉及教学内容的优化呈现、学习资源的便利获取、课堂教学的深度互动、情景感知与检测、教室布局与电气管理等方面的内容，可概括为内容呈现（Showing）、环境管理（Manageable）、资源获取（Accessible）、及时互动（Real-Time Interactive）和情境感知（Testing）5 个维度。

14.3　人工智能教育应用的发展趋势

随着人工智能技术的快速发展和应用，未来人工智能在教育领域的应用趋势包括：

（1）人工智能技术与教育应用将走向深度融合

人工智能与教育深度融合的目的在于重塑教育体系，为师生提供更高效、智能、个性化的教育服务与教学体验，以培养适应新时代发展需求的创新型人才。未来，人工智能与教育应用将走向深度融合，主要体现在与教育理念、教育主体、教育方式以及教育评价等方面的深度融合。随着人工智能技术的不断发展，在教育理念上将实现全纳教育理念所追求的平等与多样。随着人工智能技术的不断成熟以及教育理念的迭代更新，人工智能技术将促进师生关系走向平等与合作。在人工智能技术的支持下，未来教育方式将从千篇一律走向精准教学，为学生提供精准的内容推送和个性化辅导服务。可以说，人工智能时代的教育评价将从单一转向客观、全面、科学。

（2）数据驱动的智能教育环境将为师生提供全方位的服务

随着人工智能技术的不断发展，智慧校园将逐渐走向智能校园，而智能校园的"智能化"及"数据化"则建立在庞大且深厚的数据采集、整合与分析基础之上。在教育领域，数据可以解释教育现象，也可以揭示教育规律，并能够预测未来趋势。数据驱动的方法推动着教育教学从经验主义走向数据主义和实证主义。因此，教育数据革命已经到来，数据驱动的智能教育环境不仅将为师生提供全方位的服务，也将引领教育信息化发展的新方向。

（3）资源配置将走向开放共享以推进教育公平与区域均衡发展

我国教育发展目前面临的一个重大问题是区域间的发展不均衡，尤其在资源配置方面各地存在较大的差异，二元结构明显。伴随着人工智能时代的到来，通过开发数字教育资源以及提升数字教育服务供给能力等教育信息化手段，可以缩小区域之间的教育差距、促进教育公平，这将成为人工智能教育应用的一大发展趋势。

笔记

（4）教育机器人与智能仿真教学系统将成为重要的教育应用

当前，教育机器人作为一个新兴领域，在实践应用中虽然存在课程管理平台、对应的学习内容和师资等缺乏的诸多困难，但是随着人工智能、语音识别及仿生科技等关键技术的发展以及教育机器人市场需求的日益增加，其发展前景非常广阔和乐观，并也将成为一种重要的教育应用形式。与此同时，随着虚拟现实技术、增强现实技术的成熟，VR博物馆、VR/AR实验室、工厂仿真实验室、智能3D课堂、虚拟校园漫游等相继进入校园，智能仿真教学系统在未来也将成为现代教育中重要组成部分。

14.4　人工智能教育应用面临的挑战

人工智能在教育领域应用中还面临着诸多挑战，主要包括：

（1）人工智能人才与师资队伍短缺

人工智能的发展，归根到底要依靠专业人才。据调查报告显示，人工智能人才目前处于明显短缺状态，而这种状况还存在扩大的趋势，高校、企业之间人才争夺已经拉开帷幕。与此同时，人工智能教师队伍的缺乏也加大了相关人才培养以及课程开设的难度，这两个因素均在一定程度上阻碍了人工智能融入教育的发展进程。

（2）人工智能安全伦理问题突出

人工智能在教育领域应用中存在着数据安全、个人隐私等诸多伦理问题。例如，小学生做作业是通过问智能音箱，那如何能够做到这方面的监管？又如，教育数据中包含大量个人隐私信息，如何保证师生个人隐私信息不被泄露？另外，在人机交互过程中，也可能会存在道德、伦理或法律问题。

（3）人工智能技术发展的不成熟

目前，人工智能技术还需要进一步的发展。例如，目前自然语言处理仅能对句法结构、拼写正误等进行判断处理，对篇章结构、语言逻辑、观点表达等方面的分析尚未完全成熟。教学与学习均需要大量的语言交流，无论是数据分析还是师生对话均对自然语言处理技术提出更高的要求。在情感计算方面，学习是一个复杂的过程，学生随之产生诸如气愤、厌恶、恐惧、愉悦、悲伤以及惊讶等复杂多变的情绪。当前简单的情绪识别技术不仅无法识别学习者复杂多变的情绪，而且也不利于学习者个性化学习的发展。

拓展阅读

与本章内容相关的更多知识，请参考本书配套教学资源中的拓展阅读。

文本：拓展阅读

练一练

1. 模拟体验在智慧课堂中，基于对图像识别技术和人工智能模型训练的学习了解，依托人工智能实训平台进行编程，识别照片中学生的课堂行为。体验者将照片上传，通过编程将图像数据传输至人工智能实训平台进行图像检测，人工智能将分析出图片中学生的上课行为。

2. 模拟体验在智慧阅卷中，基于前面对文字识别技术的学习了解，依托人工智能实训平台进行编程，识别试卷中的题目及题解。体验者将照片上传，通过编程将图像数据传输至人工智能实训平台进行文本识别，将识别后的题解与正确答案库比对，自动批阅试卷。

第 15 章 智能制造

伴随着人工智能的蓬勃发展，工业 4.0 时代提前到来。"工业 4.0"最终需要实现的目标是制造业向智能化方向转型，并建立一个高度灵活的个性化和数字化的产品与服务的生产模式。在这种模式中，传统的行业界限将消失，并会产生各种新的活动领域和合作形式。

教学目标

1）了解"人工智能+制造"的含义。
2）了解人工智能在制造业中的应用及发展历程。
3）了解人工智能带给制造业的升级优势。
4）了解制造转型智造的三大维度。

PPT：15-1
智能制造

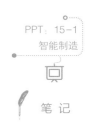

笔 记

基本概念

智慧工厂（Intelligent Factory）：智慧工厂是现代工厂信息化发展的新阶段，是在数字化工厂的基础上，利用物联网技术和设备监控技术加强信息管理和服务，即清楚掌握产销流程、提高生产过程的可控性、减少生产线上人工的干预、即时正确地采集生产线数据以及合理编排生产计划与生产进度，再加上绿色智能的手段和智能系统等新兴技术于一体，构建一个高效节能、绿色环保、环境舒适的人性化工厂。

> 小档案：智能制造概念的提出
>
> 1 988 年，美国纽约大学的怀特教授（P. K. Wright）和卡内基·梅隆大学的布恩教授（D. A. Bourne）出版了《智能制造》一书，首次提出了智能制造的概念，并指出智能制造的目的是通过集成知识工程、制造软件系统、机器人视觉和机

器控制对制造技工的技能和专家知识进行建模，以使智能机器人在没有人工干预的情况下进行小批量生产。

理论知识

问题的提出：从最初的搜索引擎，再到现在的聊天机器人，大数据风控、智慧医疗、推荐系统、情绪识别等任务无一不和知识图谱有关，作为人工智能的一大研究方向，知识图谱是如何应用到实际生活中的？

知识图谱

知识图谱（Knowledge Graph）最初是谷歌公司用于增强其搜索引擎功能的知识库。本质上，知识图谱旨在描述真实世界中存在的各种实体或概念及其关系，其构成一张巨大的语义网络图，节点表示实体或概念，边则由属性或关系构成。现在的知识图谱已被用来泛指各种大规模的知识库。

随着互联网中语义网络以及开放链接数据等大量资源描述结构（Resource Description Framework，RDF）数据被发布，谷歌公司于 2012 年推出知识图谱技术，该技术遵循语义网的理念和原则，是由实体或概念以及他们之间的关系组成的知识库，使用三元组〈主语，谓语，宾语〉的形式进行表示，例如〈诺贝尔，国籍，瑞典〉、〈诺贝尔，出生日期，"1833 年 10 月 21 日"〉等。

知识图谱的主要结构有知识抽取（包括实体抽取、关系抽取以及属性抽取等）、知识融合（包括实体消歧等）、知识加工（包括本体构架、知识推理等）、知识更新几个部分。

随着人工智能的技术发展和应用，知识图谱作为关键技术之一，已被广泛应用于智能搜索、智能问答、个性化推荐、内容分发等领域。

15.1　人工智能在制造业中的应用

狭义上讲，"人工智能+制造"是人工智能技术（或者说人工智能算法）在制造业中的应用。广义上讲，由于人工智能技术在应用中并不能单独存在，而必须依赖于其他技术和资源，"人工智能+制造"同样不仅仅需要人工智能算法作为处理工具，还需要物联网、云计算、大数据等信息技术提供基础设施和生产资料，因此"人工智能+制造"是指人工智能及相关技术在制造业的融合应用，如图 15-1 所示。

人工智能技术在工业领域早期的应用之一是专家系统。在 20 世纪 60—80 年代，根据"知识库"和"if-then"逻辑推理构建的"专家系统"在矿藏勘测、疾病诊断等领域得到了初步应用，发挥着类似专业领域咨询师辅助生产制造的作用，但是早期人工智能专家

微课 15-1
人工智能+
制造

系统的应用局限在特定领域和单一环节。

如今的"智能制造"包含了人工智能及相关技术在制造业价值链各个环节的广泛应用，主要的应用场景如下：

图 15-1　人工智能+制造

笔 记

1）为用户创造价值的产品型应用。将人工智能嵌入到现有的产品或服务中，使其更加高效、可靠和安全。

2）提高生产效率的流程型应用。将人工智能集成到生产流程的各环节，提高生产效率，包括借助先进传感技术和机器学习，可以改进和优化生产工艺流程的参数；工业机器人能够模仿人类操作员所展示的运动和路径，以极高的效率实现协同操作，仅需人工简单辅助进行物料添加等操作，如图 15-2 所示。

图 15-2　无人工厂

3）知识挖掘与发现的洞察型应用。将人工智能应用到数据分析中，实现对生产运营的动态预测和优化。通过对制造业大数据的建模和分析，人工智能可以发现被忽视的问题并获得领域内的知识。

未来在制造业数字化和网络化完成的基础上，人工智能将成为有效连接物理世界与数字世界的核心，也很可能成为制造业的主要生产力。但这并不意味着人工智能会全面替代人，包括在制造业这种传统上拥有大量体力劳动者的行业。单一重复的体力劳动、琐碎耗时的初级脑力劳动都将交由智能机器承担，同时也会出现新的工作以释放人的自主性和创造力。

为了更好地实现人机融合，不仅需要人工智能技术本身的不断精进，更需要在人工智能的处理逻辑中放入人的因素，以达到机器自主配合人类工作的目的，如图 15-3 所示。

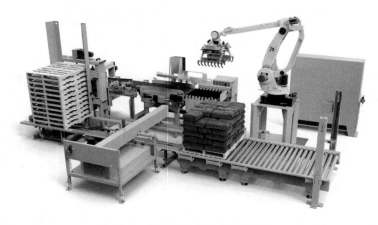

图 15-3　FANUC 工业码垛机器人

15.2　人工智能助力智能制造

在工业 4.0 时代，制造业的全面升级离不开人工智能的赋能。人工智能要渗入制造业的各个层面，进行全面的塑造，最终推动智能制造的全面发展。相较于传统工业生产，人工智能的应用使得制造业得以进行如下升级改变：

（1）使得生产更加高效灵活

实施"人工智能+制造"能够推动生产方式的智能变革，进一步优化工艺流程，降低生产成本，即生产模式更加高效灵活，而高效灵活的生产模式又能够促进工人劳动效率的提升和工厂生产效益的提高。

（2）协作整合产业链条

将"人工智能+制造"技术不断应用于制造行业，能够实现工业生产在研发设计与生

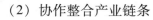

产制造环节的无缝合作，从而达到整合产业链条的目标。

（3）提高生产制造服务水平

"AI+制造"的升级能够使工业生产的性质发生改变，即工业生产由生产型组织向服务型组织质变。工业生产部门借助大数据技术以及云计算平台，能够促进智能云服务这一新的商业模式的发展，最终提升生产部门的服务与创新能力。

（4）云制造实现信息共享

随着工业生产信息化水平的提升，借助云平台进一步整合车间优势资源，实现信息共享。信息共享机制的建立，则能够推动生产的协同创新，提高制造优化配置的能力，最终提升工业产品的质量。

2019年8月底，长城汽车重庆工厂正式竣工投产，这一智慧工厂通过智能制造、智能物流、数字化运营，建设研、产、供、销、人、财、物全面协同的智慧信息系统，实现了生产过程全流程的闭环化管理，如图15-4所示。

图15-4　长城汽车重庆工厂智能化生产线

长城汽车重庆工厂以提升汽车制造的智能化水平为出发点，实现高度自动化，为中国制造智能化升级提供了值得借鉴的范本。制造业全面升级为"智造"业，需要生产领域的各个部门的协同配合。需要把人工智能技术引入各个部门，用人工智能引领制造升级。整体来看，由制造转型"智造"需要在销售、生产及物流3个维度进行全面的跨越。

1）市场销售层面：利用新科技连接企业和客户。社会上的各种自媒体平台，如微信、微博等，每天都能够产生大量的交互性数据。这些数据对市场销售人员来讲存在巨大价值。制造企业的市场销售部门借助人工智能工具能够快速挖掘出用户的最新消费需求，从而改进自己的研发与生产，促进产品的创新。同时，这些数据也能够调整优化市场营销部门的决策，提升市场部的持续性经营能力。人工智能化销售最重要的作用是借助大数据为用户提供更精准的服务，满足用户的核心需求，最终建立产品的竞争优势。

在市场销售层面，猎豹移动公司的人工智能营销体系基于用户使用场景，进行深度的数据挖掘，既能够增加广告主的投放价值，也能够满足广大用户的需求，达到双赢的效果。另外，猎豹移动公司紧紧抓住人工智能营销的新机遇，展开一系列"智趣营销"活动。在智趣营销中，"智"代表人工智能和大数据，代表一切先进的技术，"趣"则意为定制化、个性化、差异化的营销内容，让广告不再是打扰而是打动，如图 15-5 所示。

图 15-5   五星级接待服务机器人——豹小秘

随着技术的更新迭代，人工智能化营销将会有更多的可能。生产制造部门的营销将更精准、更精致，将能够调动起用户的情绪，让用户产生共鸣。

2）生产智造层面：利用新科技让制造更有效率。在生产智造层面，海尔互联工厂是典型的人工智能生产制造工厂，如图 15-6 所示。

图 15-6   海尔互联工厂（1）

海尔互联工厂的优势是"以用户为中心，满足用户需求，提升用户体验，实现产品迭代升级。"一方面，互联工厂致力于满足用户的需求，提升产品的价值；另一方面，互联工厂始终兼顾企业效益与企业价值。海尔互联工厂的价值创新与其智能制造技术体系密不可分。智能制造技术体系大致体现在 4 个层面，分别是模块化、自动化、数字化和智能化，如图 15-7 所示。

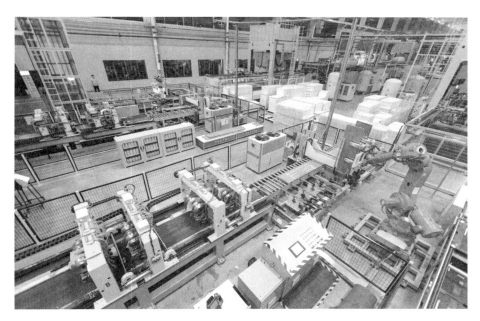

图 15-7　海尔互联工厂（2）

笔 记

在这一智能生产生态系统下，海尔能够轻松满足用户个性化的需求，最大限度地实现产品生产的效益，为企业赢来盈利。海尔互联工厂的成功，无疑为智能制造的发展提供了完美的示范。若要使智能制造遍地开花，那么诸多制造型企业也需要借鉴互联工厂模式。

3）物流层面：利用新科技加快产品流通速度。生产制造企业在物流层面也有不少棘手的问题如物流成本高、资源利用率低、闲置时间长及货车空载率高等。这些物流问题都会严重影响用户的使用体验。将人工智能元素注入物流领域将会加快产品流通速度，改变这一困局。

整体来看，人工智能化物流的核心技术有 4 个，分别是智能搜索技术、智能推理技术、智能识别技术及智能物流机器人等。这些非凡的科技将物流的发展带来质的变化，如图 15-8 所示。

图 15-8 京东"小红人"智能分拣机器人

拓展阅读

与本章内容相关的更多知识，请参考本书配套教学资源中的拓展阅读。

练一练

1. 模拟体验在智慧仓库中，对工业制造品的质检的场景。智能摄像头从各个角度拍摄灯泡的照片，运用强大的人工智能程序，通过大数据匹配，快速检测识别图片中的灯泡是否有裂纹，以此判断灯泡是否合格，方便相关人员后续工作。

2. 模拟体验在智慧魔盒中，对平台训练模型的应用，通过安装连接设备、平台模型下发、硬件设备二次编程以及平台硬件联合应用来体验人工智能的应用。

第 16 章　智慧金融

金融场景下高度结构化的数据给人工智能技术的发展提供了机遇，在此基础上，身份识别、风控管理、流程优化等领域也开始出现人工智能技术的身影。事实上，金融行业已成为人工智能场景中发展最为迅速的领域之一。智能金融正在以一种人机结合的方式去提供大量的辅助决策工具，让投资人在形成逻辑链条的过程中，更容易地获得数据和分析层面的支持。与此同时，人们可以有更多的精力去发现机器不善于完成的工作，从而大大提高工作效率。

教学目标

1）了解智慧金融。
2）了解智慧金融的应用和发展趋势。

基本概念

人工智能金融（AI in Finance）：即人工智能与金融学的全面学科交叉，以人工智能、大数据、云计算、区块链等新兴科技为核心要素，全面赋能金融机构，提升金融机构的服务效率，拓展金融服务的广度和深度，使得全社会都能获得平等、高效、专业的金融服务，以实现金融服务的智能化、个性化、定制化。

PPT：16-1
智慧金融

笔记

> **小档案：反洗钱工作亟待人工智能突破效率瓶颈**
>
> 伴随近年来金融交易量的极速增长，以及各类金融创新业务的不断上线，洗钱犯罪活动也呈现出多样化、隐蔽化的新趋势。反洗钱工作一直是银行风险防控的重要防线，银行的反洗钱体系都依赖反洗钱专家的经验和规则，其主要依赖人工进行审核的模式无法满足新形势下的工作要求，且与强监管、严处罚的政策态势也不相适应。追一科技公司基于西安银行反洗钱工作目标和主要举措，为其量身打造

了贴近业务场景和需求的人工智能反洗钱平台，建立人工智能监测系统。该平台支持筛查规则自由配置、模型自动优化；通过多维数据勾勒全息金融画像，精准暴露潜在风险；严密的可疑置信度计算，有效避免错判和误判。

理论知识

问题的提出：强化学习在实际生活中有许多应用，最令人熟知的一个场景就是 AlphaGo。当年与围棋世界冠军的多番激战，将人工智能带入了人们的视野中，那么，强化学习又是如何在实际生活中进行应用的呢？

强化学习

强化学习（Reinforcement Learning）并不是某一种特定的算法，而是一类算法的统称，其思路非常简单，以游戏为例：如果在游戏中采取某种策略可以取得较高的得分，那么就进一步强化这种策略，以期继续取得较好的结果。这种策略与日常生活中的各种绩效奖励类似，人们平时也常常用这样的策略来提高自己的技能水平。强化学习的目标是找到一个最优策略，使智能体获得尽可能多的来自环境的奖励。例如赛车游戏，游戏场景是环境，赛车是智能体，赛车的位置是状态，对赛车的操作是动作，怎样操作赛车是策略，比赛得分是奖励。注意在一些强化学习的相关论文中也常用"观察"（Observation）而不是"环境"，因为智能体不一定能得到环境的全部信息，只能得到自身周围的信息。

在监督学习和无监督学习中，数据是静态的，不需要与环境进行交互，例如图像识别，只要给足够的差异样本，将数据输入到深度网络中进行训练即可。然而，强化学习的学习过程是动态的，是不断交互的过程，所需要的数据也是通过与环境不断地交互产生的。所以，与监督学习和无监督学习相比，强化学习涉及的对象更多，如动作、环境、状态转移概率和回报函数等。强化学习更像是人学习的过程，人通过与周围环境交互，学会了走路、奔跑、劳动。可以说人与大自然的交互创造了现代文明。另外，深度学习如图像识别和语音识别解决的是感知的问题，强化学习解决的则是决策问题。人工智能的终极目的是通过感知进行智能决策。所以，将近年发展起来的深度学习技术与强化学习算法结合而产生的深度强化学习算法是人类实现人工智能终极目标的一个很有前景的方法。

16.1　AI+金融

近些年来，科技进步对金融所造成的影响不言而喻，特别是互联网的出现。互联网对金融的冲击表现在以下几点：从以网点为中心到以客户为中心，从移动支付到业务流程再造到金融+场景，从产品销售到客户体验，从技术为金融业务服务到两者融合，都要求业务要有技术属性、技术要有业务属性。以上所述的变革为人工智能在金融体系的应用奠定了很好的基础。

微课 16-1
AI+金融

　　目前，发展"AI+金融"是一个很好的契机，无论是国家层面的指导还是各地方政府的支持，都为"AI+金融"的发展提供了良好的政策环境。因为认识到这种变革对金融未来产生的影响，所以从业界到科技界到学术界都希望来推动这个过程。另外，商业银行近些年来经过大规模的发展，积累了相当的财力、物力和人力，这一点非常重要。互联网金融与人工智能二者之间的比较，是技术与思维的比较。互联网金融是运用技术把金融和金融消费者联系起来，把生活场景和金融联系起来。但是人工智能是替代思维，即运用技术替代人的思维，甚至是最复杂的生命环节都可能实现它的替代，但这一点又和互联网不同。因此，要模拟人类的智能、人类思维的复杂性、人类心理的复杂性、市场变化的复杂性等，进而胜任复杂的工作等，这会更加困难。从人工智能服务的对象来说，它涉及所有金融体系中的各类主体。从金融机构来说，如在金融决策的思考、目标的选定、路径的选定，以及对市场环境与政策变化的及时反应、智能化的风险控制等方面的功效，都是互联网无法代替的。互联网能代替数据的传输，但是对所有的数据进行分析是通过人工智能来实现的。

　　对金融消费者来说，如与金融机构的交付活动，或者建议金融服务方案，或者比较分析市场信息这样的金融产品等；对于投资者来说，如经营成果的分析报告和分析比较等；对管理者来说，信息数据的分析统计，市场交易全过程的记录，监管政策的针对性、有效性的反馈，市场反应和政策效果的评估，这些都可以运用人工智能。因此，在未来人工智能最重要的就是技术的结果。大数据、云计算、场景，以至于生物识别技术、分布式架构，都会直接产生。

　　"AI+金融"的发展需要与之相适应的环境，需要标准化产品，这是智能投顾要做到的，即产品的标准化。另外需要健康有序的金融市场，更需要成熟的金融消费者和投资者，同时监管政策要有连贯性和一致性。当前，我国市场正在快速发展，相关政策特别是监管政策也在不断完善。

16.2　人工智能在金融领域的应用

　　在场景应用上，一方面，金融业良好的数据基础为人工智能应用场景创新提供了条件，促使各领域充分挖掘数据的潜在价值，利用技术实现业务模式的创新和产业升级，从而使人工智能在金融领域的应用场景越来越多元；另一方面，金融服务业的属性决定了其大部分业务是基于用户服务展开的，大量的服务场景也需要利用技术来提升效率、优化体验、实现行业的精细化运营和服务升级。总之，金融业为人工智能的落地应用提供了良好的场景条件。目前，人工智能技术在银行、理财、投研、信贷、保险、风控、支付等领域得到实践，并呈现出向各个领域渗透的趋势。金融行业围绕银行服务、理财投资、信贷、保险、监管等业务已衍生出智慧银行、智能投顾、智能投研、智能信贷、智能保险、智能监管等应用场景。

（1）金融机构走向技术化

人工智能很有可能会取代目前大部分金融领域的从业者，首先会取代一些需要重复性工作的岗位，如银行客服等的职位。但长远来看，其取代可能将会是全方位的，从客服到资产管理经理或交易员，人工智能也会陆续取代昂贵的人工服务。

未来，大量的传统银行业相关工作岗位将会消失，取而代之的是智能金融相关岗位的增加，相关技术人员的需求也会增加。

（2）智能投顾

人工智能在金融业的应用中，在智能投顾上的应用前景非常广阔。借助高性能计算机和大数据处理技术，理财机器人可以为客户提供非常好的投资建议。自动化的程序交易可以尽可能地减少资金和时间的浪费，提升资金使用效率。目前国内领先的智能财富管理平台在此方面已经积累了深厚的经验，其智能机器人可以通过对客户的资金流动性个性化分析为用户匹配合适的资产。

（3）风险防控

利用人工智能进行风险防控已经取得进展，目前已经有不少信贷机构在实践将数据挖掘、机器学习等大数据建模方法运用到贷前信用评审、反欺诈等风控管理环节。相较于传统的征信方式，利用人工智能可以快速处理大数据内容，从而在多个维度上对风险进行评估，除了个体数据外，还可以分析与个体数据有关联的其他个体和群体数据，检测分析企业的上下游、合作、竞争对手、子母公司、投资、对标等关系，能够覆盖更大的范围，同时确保风控准确性。

（4）内部安全监管

人工智能领域的研究包括机器人、语言识别、图像识别、自然语言处理和专家系统等，除了应用于信贷风控之外，还可以进行内部安全监管。例如，运用图形视频处理技术，实时监控银行柜员行为。通过人脸识别系统对集中运营中心、数据中心机房等进行安全保障，防范不法分子的非法入侵，同时进行多人的人脸识别，实现智能识别，达到安全防范的目标。

（5）生物识别

传统的金融账户登录验证多采用"账号+密码+短信验证码"的模式，流程烦琐且会产生一定的通信费用。目前已有一部分金融机构将生物特征识别技术用于账户登录、账户查询、支付等身份验证环节。金融领域正在应用的生物识别技术包括但不限于指纹识别、声纹识别、虹膜识别、人脸识别等。以人脸识别为例，随着智能手机逐步拥有 1:1 的人脸比对能力，微信及支付宝先后上线了刷脸支付功能，并在线下门店展开了刷脸支付设备推广宣传。

笔记

（6）AI+大数据

在数据初筛与分类整理的基础上，机构可以借助人工智能对客户进行数据画像。精准的客户描述对于金融机构而言是非常难以判断的，仅凭客户填写的简单资料是非常不清晰的。通过人工智能下大量的数据辅助，金融机构就可以根据一条条数据对于要借款的客户进行特征化处理及标签化建设，通过标签体系将客户的特征完全描述出来，这有利于下一步的业务推进和风险控制。通过对于每个人的大数据分析，借助大数据建模构建起了客户身份的关联属性，从而提升了对风险的防控能力。

当然人工智能不可能是万能药，不可能立刻解决行业的痛点，也不可能立刻有那么完美的效果。所以，首先要接受人工智能技术，接受它的商业模式，但同时要有耐心及务实的心态，真正了解人工智能的潜力和局限性。在金融行业如果决定采用人工智能技术，必须与业务部门紧密配合，找出业务的痛点，并用人工智能技术进行解决。

拓展阅读

与本章内容相关的更多知识，请参考本书配套教学资源中的拓展阅读。

笔 记

文本：拓展阅读

练一练

1. 模拟体验在智慧邮箱中，对垃圾邮件自动识别的应用场景。体验者通过直接上传邮件文本到平台，平台运用强大的人工智能程序，通过文本分类识别系统，对邮件类型快速识别，帮助使用者快速自动筛选垃圾邮件，提炼真正所需的关键内容。

2. 模拟体验在智慧新闻中，对热点新闻自动识别的应用场景。体验者通过直接上传新闻文本到平台，平台运用强大人工智能程序，通过文本标注识别系统，对新闻热点快速识别，帮助使用者快速自动筛选热点新闻，快速把握热点新闻动态，节省时间。

第 17 章 智慧医疗

本章通过对智慧医疗起源和发展的介绍，让读者了解到智慧医疗的发展历史，以及基于深度学习的第三波人工智能是如何与医疗行业进行结合的。然后，介绍目前智慧医疗的 4 个主要应用方向以及目前已经实际落地的应用产品，让读者对人工智能应用环境下的智慧医疗有一个全面的认识。

PPT：17-1
智慧医疗

教学目标

1）了解智慧医疗的概念及其意义。
2）了解智慧医疗的发展历史。
3）掌握目前智慧医疗的主要研究方向。
4）了解目前国内外已经落地的智慧医疗项目。

笔记

基本概念

专家系统（Expert System）：一个智能计算机程序系统，其内部含有大量的某个领域专家水平的知识与经验，能够利用人类专家的知识和解决问题的方法来处理该领域问题。也就是说，专家系统是一个具有大量的专业知识与经验的程序系统，它应用人工智能技术和计算机技术，根据某领域一个或多个专家提供的知识和经验，进行推理和判断，模拟人类专家的决策过程，以便解决那些需要人类专家处理的复杂问题。简而言之，专家系统是一种模拟人类专家解决领域问题的计算机程序系统。

小档案：手术机器人

当今最有代表性的手术机器人就是达·芬奇手术系统。该系统分为两部分：手术室的手术台，以及医生可以在远程操控的终端。手术台是一个有 3 个机械手臂的机器人，它负责对病人进行手术，每一个机械手臂的灵活性都远远超过人，而且带有摄像机可以进入人体内手术，因此不仅手术的创口非常小，而且能够实施一些人工很难完成的手术。在控制终端上，计算机可以通过几台摄像机拍摄的二维图像还原出人体内的高清晰度的三维图像，以便监控整个手术过程。目前全球共装配了3000多台达·芬奇机器人，已累计完成超过300万例手术。

理论知识

问题的提出：人脑可以十分快速地对一幅图像进行识别，而对于计算机视觉领域来说，要机器识别一幅图像，通常需要进行一系列的图像预处理操作。图像分割技术是计算机视觉领域的一个十分重要的研究方向，它是如何运行并实现的呢？

图像分割技术

笔 记

图像分割（Image Segmentation）技术是计算机视觉领域的一个重要的研究方向，是图像语义理解的重要一环。图像分割是指将图像分成若干具有相似性质的区域，从数学角度来看，图像分割是将图像划分成互不相交的区域。近些年来随着对深度学习的逐步深入研究，图像分割技术有了突飞猛进的发展，与其相关的场景物体分割、人体前背景分割、人脸人体 Parsing、三维重建等技术已经在无人驾驶、增强现实、安防监控等行业得到广泛的应用。

目前，根据图像分割任务及其发展，可以分为以下几个子领域。

1）普通分割：将不同分属不同物体的像素区域分开，如前景与后景分割开，狗的区域与猫的区域与背景分割开。

2）语义分割（Semantic Segmentation）：从像素层次来识别图像，为图像中的每个像素指定类别标记，用相应的标识类别来标记图像的每个像素。

3）实例分割（Instance Segmentation）：因为需要正确检测图像中的目标，同时还要精确地分割每个实例，因此具有挑战性。

4）全景分割（Panoptic Segmentation）：要求图像中的每个像素点都必须被分配给一个语义标签和一个实例 ID。其中，语义标签指的是物体的类别，而实例 ID 则对应同类物体的不同编号。

17.1　智慧医疗概述

智慧医疗（WIT-MED）是大数据、互联网、人工智能等技术与医疗健康产业相融合而产生的一个应用领域。不同于传统的互联网医疗和数字医疗解决的是病症患者就医困难、医疗资源分配不均、线上线下难以闭环、医疗沟通协同不畅等信息的优化配置问题，智慧医疗主要侧重在使用人工智能技术，以大数据为基础，涵盖从基础研究到应用研究等多个层面的垂直领域研究工作。

目前，智慧医疗研究的领域包括基础的医学自然语言理解，基于计算机视觉与机器学习技术的数字医学影像识别，以及利用语音识别和自然语言理解技术所进行的医疗文字处理等。智慧医疗切实推动医疗健康领域的研究进展，产生实际的社会影响和经济效益。特别是在 2020 年初疫情暴发之际，智慧医疗在防控疫情、保障人民生命安全等方面发挥了重要作用。疫情的爆发也触发了医疗行业对人工智能技术的需求。人工智能辅助诊断助力一线医务人员提高诊疗效率，远程医疗、病原追踪等新技术的应用为抗击疫情做出了重要的贡献。在关键时刻将优质的科技资源进行合理运用，充分发挥技术优势，不仅仅能够助力疫情防控，也能够进一步推动智慧医院建设和发展。

17.2　智慧医疗发展历史

智慧医疗这个概念并非是完全的新生事物，人工智能几乎一诞生就应用于医学领域，而医学也一直是专家系统应用最有效的领域。1954 年，华人科学家钱家其就使用计算机计算剂量分布，进行放射治疗。1959 年，乔治敦大学教授莱德利（Robert S. Ledley）首次应用布尔代数和贝叶斯定理建立了计算机诊断的数学模型，并成功诊断了一组肺癌病例，开创了计算机辅助诊断的先河。1966 年，莱德利正式提出了"计算机辅助诊断"（Computer Aided Diagnosis，CAD）的概念。1968 年，DENDRAL 专家系统诞生。不久后，MYCIN 医学专家系统也研制成功。该系统首次采用知识库、推理机系统结构，引入"可信度"概念，进行非确定性推理，对用户咨询提问进行解释回答，并给出答案的可信度估计，形成了一整套专家系统的开发理论，为其他专家系统的研究与开发提供了范例和经验。医疗诊断是一项典型的专家任务，因此，医学专家系统成为应用较早、使用广泛、卓有成效的人工智能技术。

医学专家系统逐渐成为医学领域内的一个重要分支领域，并在 20 世纪 80 年代达到高潮，出现了大量的综合医学专家系统。20 世纪 90 年代，医学专家系统逐步发展成为针对某一种或一类的疾病的专项专家系统。1990 年，南伊利诺伊大学的乌姆博（Scott E. Umbaugh）开发的皮肤癌辅助诊断系统，使用自动感应工具产生规则来确定多变的皮肤颜色。这些专家系统促进了医学科学的发展。但由于专家系统自身存在着规则不透明、搜索低效以及缺乏真正的学习能力等缺陷，在进入 21 世纪后，专家系统的研究进展缓慢，因此医学专家系统取得的成果也不多。

深度学习属于机器学习的子领域，由于算力和数据的增长，深度学习在过去十年间取得了巨大发展。该领域见证了机器理解和控制数据能力的显著进展，包括图像、语言和语音，是人工智能研究和发展的第三波热潮。医疗行业从深度学习中受益良多，医疗行业主要从计算机视觉、自然语言处理、强化学习等方面入手。目前国内外很多知名 IT 企业都纷纷投身智慧医疗行业研发。在 2019 年 2 月，*Nature Medicine* 在线刊发了由依图科技医疗团队与广州市妇女儿童医疗中心联合科研团队完成的题为《使用人工智能评估和准确诊断儿科疾病》的文章。这是该权威医学杂志首次发表有关自然语言处理（NLP）技术基于中文文本型电子病历做临床智能诊断的研究成果，开创了中国智慧医疗实际应用的新高度。

根据中研普华发布的《2020—2025 年中国智慧医疗行业前景分析与深度调查研究报告》中的数据显示，中国现有 2751 家智慧医疗企业中，北京、广东、上海、江苏、浙江五大产业集聚区已经形成；以智能硬件（智能温度计、智能血压计、智能胎心仪、智能血糖仪等）、远程医疗（跨地区、跨医院远程医疗协作协同）、移动医疗（预约挂号、问诊、患者社区、医药电商、互联网医院等）、医疗信息化（HIS、PACS、MIS、电子病历、转诊平台等）为核心的产业集群也基本形成。

17.3 智慧医疗的应用

微课 17-2
智慧医疗的
应用

随着人工智能领域中语音交互、计算机视觉和认知计算等技术的逐渐成熟，人工智能技术与医疗健康领域的融合不断加深，人工智能的应用场景越发丰富，人工智能技术也逐渐成为影响医疗行业发展，提升医疗服务水平的重要因素。目前智慧医疗主要应用在以下 4 个方面：

（1）智能检测

智能检测是以大数据为基础的人工智能模型的建立，将对疾病防控、癌症筛查、病种分布、遗传图谱、基因检测、人体数据分析等带来有价值的发现和应用。在精准医疗越发受到重视的今天，这些都成为其中不可缺少的要素，这是实现人工智能应用的重要体现和方向，也是未来人工智能+检验医学发展的方向。

📖 笔记

智能检测包括对体液细胞智能化检验设备、血细胞分析的智能化、微生物检验等领域的应用。例如，目前已经有了用于分枝杆菌检验的显微扫描拍摄系统，该系统采用人工智能的检测算法来扫描荧光涂片的高分辨率数字影像，自动对其中的怀疑荧光体进行评分，从而根据国际防痨与肺疾病联合会标准，判断每个视野和涂片的阳阴性，和总体抗酸杆菌密度状态等，智能化地筛检出分枝杆菌，结果由有经验的检验者审核确认。该仪器可对大量阴性标本筛检过滤，加快了检测速度并降低了劳动强度，如图 17-1 所示。

（2）智能医学影像

智能影像是基于图像和语音识别技术发展起来的。由于医学影像资料获取门槛较低且更为标准化、医学影像人员的极端匮乏以及数据分析的单调枯燥等原因，智能医学影像是目前发展最为成熟、临床接受程度最高的方向之一。

首先，作为分诊和筛查工具，使用人工智能技术可以降低医疗系统的压力，把资源分配给最需要医疗帮助的患者。例如，通过深度学习，人工智能工具可以检查视网膜图像，确定哪些患者有致盲性眼病，并及时转诊给眼科医生。另外，人工智能技术还可以

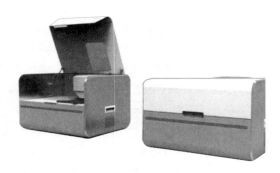

图 17-1　分枝杆菌显微镜扫描分析系统

笔记

在一些理论上不复杂但时间紧、耗人力的任务上作为替代，让医疗工作者可以去处理更复杂的任务。例如，自动化分析射线成像，估测骨龄；自动化分析心血管图像，量化血管狭窄和其他指标等。以小肠胶囊影像识别为例，运用人工智能技术之前，一个病例要耗费影像医生 3~6 小时的读片时间，出诊断报告时间不少于 7 个工作日，而运用基于深度卷积神经网络的小肠胶囊影像识别方法后，平均 16 毫秒就可以识别一张图像，病变识别准确率高达 99.5%，采集的同时进行识别，可实时出结果。

（3）智能决策

随着互联网的发展，互联网医疗科普搜索需求急剧增加，但互联网上现有的医疗科普网站无法让普通用户快速找到所需的内容，而且缺乏针对性，无法根据用户的不同问题给出针对性的回答。

基于知识图谱技术的人工智能医疗专家辅助系统，通过运用自然语言处理相关技术，对医疗电子病历中的自有文本提取知识、构建知识图谱，并在知识图谱基础上运用语义搜索和问答系统相关技术，提供语义搜索和医疗智能问答服务；可以直接理解用户的意图，使用户不用在专业网站中寻找自己所需的信息，同时可以根据用户的不同输入做出针对性的回答；通过构建医疗知识图谱，打造精准的人机对话模型，并推出病历结构化、临床决策支持系统和全科机器人医生三项针对医疗资讯和问诊的服务。

（4）药物的辅助研发

人工智能技术在药物研发方面也大有可为。根据 TechEmergence 的报告显示，人工智能可以将新药研发的成功率从 12% 提高到 14%，可以为生物制药行业节省数十亿美元。此外，据报道人工智能在化合物合成和筛选方面比传统手段可节约 40%~50% 的时间，每年为药企节约 260 亿美元的化合物筛选成本；在临床研究阶段，可节约 50%~60% 的时间，每年可节约 280 亿美元的临床试验费用，即人工智能每年一共能够为药企节约 540 亿美元的研发费用。人工智能+药物研发与传统模式相比，时间和成本优势明显。

人工智能在药物研发领域的应用主要体现在靶点药物的研发，候选药物挖掘，预测药物的吸收、分配、代谢、排泄和毒性，药物晶型预测，辅助病理生物学研究，以及发掘药物新适应症等几大场景。

人工智能药物分子设计是运用人工智能算法，根据受体蛋白活性口袋形状和物化性质要求，让计算机自动设计出形态、性质适宜的虚拟类药分子库。

人工智能虚拟筛选是指通过人工智能算法学习大量真实的目标靶点与临床活性药物之间相互作用的数据，从而预测靶点与候选药物之间亲和力的大小，以降低实验筛选成本，提高先导化合物发现的效率及质量。

药代动力学评价是药物设计和药物临床试验中至关重要的一环。而人工智能药代动力学评价，是利用深度学习算法研究候选药物与体内生物物理和生物化学屏障因素之间的相互作用。药物早期的 ADMET 性质评价方法可显著提高药物研发成功率，降低开发成本，减少药物毒性和副作用的发生，并能指导临床合理用药。

17.4 智慧医疗落地应用盘点

（1）腾讯觅影

腾讯觅影是腾讯公司首款将人工智能技术运用在医学领域的人工智能产品，目前已经融入了大数据运算、图像识别和深度学习等方面的先进技术，提高对肺结节的检测敏感性与准确度。"AI 医学影像" 和 "AI 辅助诊断" 是腾讯觅影主要的两大功能，如图 17-2 所示。

（a）　　　　　　　　　　　　　　（b）

图 17-2　腾讯 AI 辅诊开放平台

觅影 AI 医学影像病理筛查已达到了科学辅助标准，首款 AI 食管癌筛查系统准确率超过 90%；在肺结节方面，觅影可以检测出 3 mm 及以上的微小结节，检测准确率超过 95%。腾讯觅影对早期肺癌的敏感度达 85%以上，对良性肺结核的识别准确率超过 84%，对直径在 3 mm 和 10 mm 之间的微小结节检出率超过 95%，可帮助医生大幅提高对肺部 CT 的判断能力，它打破医疗资源分布不均衡的格局，推动人工智能向基层下沉、向落后地区下沉，助力基层医疗机构提升筛查诊断效率，让偏远地区患者同样享受优质的医疗资源。

腾讯觅影 AI 辅诊，通过自然语言处理和深度学习，为医生提供了更好的决策基础，能辅助他们更快、更有效地理解病案，提升诊疗效率。AI 辅诊能力主要包括诊疗风险监

笔 记

控系统和病案智能化管理系统。诊疗风险监控系统旨在辅助降低医生诊疗风险；病例信息结构化输出可准确提取病案特征，输出结构化的病历，让医生从病案烦琐的工作中解脱出来，提升诊疗和科研效率。

（2）商汤 SenseCare 智慧诊疗平台

SenseCare 智慧诊疗平台是商汤科技自主研发的一套集丰富影像后处理技术与人工智能算法的高性能辅助诊疗，如图 17-3 所示。

(a)　　　　　　　　　　　(b)

图 17-3　智慧诊疗平台

在上海市第一人民医院病理科，SenseCare 智慧诊疗平台主要辅助消化道病理的诊断与分析，通过人工智能算法大批量、快速处理图像数据，将传统的消化道病理诊断人工判读升级为人工智能辅助判读方式。SenseCare 病理产品能够快速分析胃肠道标本数字病理切片，快速提示切片的良恶性，从而优化病理医生的资源分配——系统评估为良性的切片，医生可以快速确认筛查结果；系统评估为恶性的切片，可以由更高资历的医生着重诊断，确定癌症种类及分型。目前，该产品已经能够检测常见的多种癌症病灶类型区域和高危异常细胞，单张组织病理切片的阅片时间至少缩短 60%，医生出具诊断报告的时间从过去的 5 天缩短到 3 天。产品对消化道类高危病例检出率可达到 100%，排阴率超过 80%，有效提升了医院的病理筛查效能。

（3）依图肺癌多学科智能诊断系统

四川大学华西医院与依图科技联合研发的肺癌临床科研智能病种库中的肺癌临床科研智能病种库，跨系统集成了 2.8 万例肺癌患者全周期数据，超过百万份临床文档和报告以及超过千万份原始医学图像，收录肺癌患者的影像、病理、基因检测、病历文本等多维数据，也是国内首个基于人工智能技术的肺癌单病种科研数据库，如图 17-4 所示。

依托这个全球顶级的病种库，华西—依图联合团队以临床指南为指导，融合华西医院医学专家智慧，共同开发了全球首个肺癌多学科智能诊断系统。该系统不仅能够实现结节筛查等初级功能，更能够实现肺癌全类型病灶的诊断覆盖，综合多学科临床信息进行综合诊断，其决策依据来源于国际、国内最新临床肺癌诊疗指南，且随着临床诊疗例数的增加将越来越聪明及富有智慧，成为基层医师提升肺癌诊疗水平、降低误诊漏诊的

笔记

好帮手。第一阶段成果已经在国内几十家顶级医院投入临床试用，由华西医院牵头的多中心临床实验也即将启动。

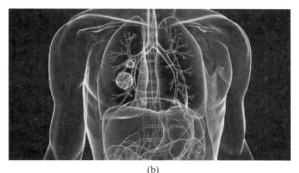

(a)　　　　　　　　　　　　　　　　　(b)

图 17-4　依图肺癌多学科智能诊断系统

（4）灵医智慧临床辅助决策

灵医智慧临床辅助决策通过学习海量教材、临床指南、药典及三甲医院优质病历，基于百度自然语言处理、知识图谱等多种人工智能技术，打造遵循循证医学的临床辅助决策系统，用于提升医疗质量，降低医疗风险。该产品包含辅助问诊、辅助诊断、治疗方案推荐、医嘱质控等多种功能。

例如，南昌大学第一附属医院是一家集医教研为一体的大型综合三级甲等医院，医院医疗水平名列前茅，在信息化智慧化上的尝试和投入也非常充分。灵医智惠标准版CDSS 在医院内部署了辅助诊断、治疗方案推荐、医嘱质控、规则维护平台、护理决策支持系统等功能，辅助医院顺利通过电子病历评级、互联互通评级，进一步提升医疗安全，提升临床应用效果，如图 17-5 所示。

图 17-5　灵医智惠

目前，灵医智惠 CDSS 已经落地全国 13 个省市的数百家医疗机构，服务上万名医生。

17.5　智慧医疗面临的挑战

人工智能技术在医疗领域得到了越来越多的关注，然而很多研究及应用仍然处于初级阶段，还面临着诸多挑战。

笔 记

笔 记

1）对大规模异构数据的融合分析，是一个较大的挑战。医疗数据包括诸多方面，如 X 光片、CT 扫描等各种影像数据，化验结果等结构化的表格数据，以及诊断、医嘱等无结构化的文本数据。医生需要结合上述数据给出综合诊断，而这也就面临异构数据融合及分析的挑战。

2）人工智能算法缺少解释性。随着人工智能技术在智慧医疗的广泛应用，越来越多的辅助诊疗系统计算法被开发出来进行辅助诊断。然而，目前人工智能算法更多地是使用数据红利，缺乏对于诊断结果的解释性，当算法无法给出解释或者不足让医生相信时，便不能在医疗领域很好地进行部署。因此，深入研究人工智能算法解释性是很有必要的，可以回答诸如"为什么预测疾病 A 发生而不是疾病 B"等问题，以帮助用户理解相应的推荐结果。

3）专家隐性知识的表达与利用。随着数据红利的减退，越来越多的专家学者意识到知识对于人工智能算法有效性的巨大作用，这也是为什么目前知识图谱技术的研究非常热门的原因。然而，医疗领域很多知识是隐性知识，隐性知识是指"默会的知识"（又称"缄默的知识"或"内隐的知识"），主要是相对于显性知识而言的。它是一种"只可意会，不可言传"的知识，是一种经常使用却又不能通过语言文字符号予以清晰表达或直接传递的知识。隐性知识如何在人工智能应用中发挥更大的作用，也是一个非常大的挑战。

拓展阅读

文本：拓展阅读

与本章内容相关的更多知识，请参考本书配套教学资源中的拓展阅读。

练一练

1. 模拟体验在智慧咨询中，利用智能设备对大量的咨询人进行声音识别。智能设备实时监听咨询人的声音，运用强大的人工智能程序，识别音频的年龄、性别、情绪等，通过大数据匹配，识别出每一段音频的咨询点，自动回复。

2. 模拟体验在智慧整形中，利用智能设备对大量的咨询人进行样貌识别。智能设备对咨询人进行拍照，运用强大的人工智能程序，对人脸进行识别，通过大数据匹配，自动匹配整形风险最小、颜值最佳的明星脸。

第18章 智慧城市

随着我国经济快速发展，大城市数量持续增加，但急速的城市化进程、不断扩张的城市规模同时也带来了一系列不可忽视的问题，如能源紧缺、自然环境破坏、交通拥堵、城市公共安全、住房紧张、城市转型等。为了有效解决这些问题，相关部门先后出台了一些关于智慧城市的政策措施。未来我国智慧城市将呈现什么样的发展趋势？通过本章的学习读者可以对此有所了解。

教学目标

1）掌握如何将人工智能应用于智慧城市。
2）理解什么是物联网技术。

PPT：18-1
智慧城市

笔 记

基本概念

智慧城市（Smart City）：运用信息和通信技术手段感测、分析、整合城市运行核心系统的各项关键信息，从而对包括民生、环保、公共安全、城市服务、工商业活动在内的各种需求做出智能响应。其实质是利用先进的信息技术，实现城市智慧式管理和运行，进而为城市中的人创造更美好的生活，促进城市的和谐、可持续发展。

小档案：智慧城市迪比克

迪比克是美国的第一个智慧城市，它的特点是重视智能化建设。为了保持迪比克市宜居的优势，并且在商业上有更大发展，市政府与 IBM 等企业合作，计划利用物联网技术将城市的所有资源数字化并连接起来，含水、电、油、气、交通、公共服务等，进而通过监测、分析和整合各种数据智能化地响应市民的需求，并降低城市的能耗和成本。该市率先完成了水电资源的数据建设，给全市住户和商铺安装数控水电计量器，不仅记录资源使用量，还利用低流量传感器技术预防资源泄露。仪器记录的数据会及时反映在综合监测平台上，以便进行分析、整合和公开展示。

理论知识

问题的提出：随着移动云端、海量数据与无线技术快速演进，促使智能联网应用的快速发展，物联网（Internet of Things，IoT）的兴起以及结合大数据（Big Data）的分析为产业带来了创新的变革与发展契机，可视为当代网络技术重要里程碑与未来潮流趋势。那么，物联网技术是如何实现的呢？

物联网技术

物联网（又称智能联网）即物物相联的网络，让物与物或物与人之间能够借此产生互动与联系，可提供"全面感知、可靠传递、智能处理"的整合服务。根据欧洲电信标准协会（European Telecommunications Standards InsTItute，ETSI）的定义，物联网可依照不同的工作内容划分为感知层、网络层及应用层。在感知层方面，主要是利用感测组件针对特定的场景进行数据收集或者是监控的动作来实现全面感知的目的；网络层的主要目的是确保数据的可靠传递，可透过各种网络通信技术实现，将物联网终端装置上的数据传递至特定目标上；应用层则是以云端运算与储存技术为基础，进行大数据分析与处理，以提供智慧化的服务。一般可将大数据的特征归纳为 4V——Volume（数量）、Variety（多样性）、Velocity（速度）以及 Veracity（真实性）。其中，Volume 指数据量，例如未来物联网世界会连接上百亿台连网装置传感器每分每秒产生数据，会产生与累积庞大的数据，可能高达百万兆（Zettabytes，ZB）的等级（$1\ \mathrm{ZB} = 10^9\mathrm{TB}$）。Variety 指数据类型的多样化，包含文字、影像、音频/视频或是物联网装置的状态、地址等多种不同类型的数据。Velocity 表示快速的数据流，由于联网装置的普及，物联网络数据的数据流动是持续不断且快速产生的，因此输出与反应数据的速度必须更加实时。此外，由于物联网的数据可能来自不同来源，数据的真实性（Veracity）也需要被检验，才能提升物联网数据的价值含量，进一步促进商业智能（Business Intelligence）应用的发展。物联网在几乎所有领域都有巨大的发展潜力，这主要是由于物联网可以感知上下文（例如，可以收集自然参数、医疗参数或用户习惯等信息），并提供量身定制的服务。无论应用领域如何，这些应用的目的都是为了提高人们的日常生活质量，并将对经济和社会产生深远的影响。物联网的应用可分为三个领域：工业区、智慧城市区和健康区。每个域不是独立的，而是部分重叠的，因为有些应用程序是共享的。例如，通常在工业和卫生领域，产品跟踪可用于监测商品或食品，但也可用于监测药品的分销。

笔记

18.1　智慧城市概述

智慧城市作为经济转型、产业升级、城市提升的新引擎，促进着城市生产、生活方式的变革、提升和完善；为公众提供舒适便捷的服务，提升民众幸福感；为企业提供创新发展驱动力，提升企业竞争力；同时支持高效安全的城市管理，打造美好的城市生活。那么，智慧城市的理念是什么呢？

　　智慧城市的建设充分利用物联网、云计算、大数据等智能科学新兴技术手段，对城市生产生活中产生的相关活动需求，进行智慧感知、互联、处理和协调，为市民提供美好的生活和工作环境，为企业创造可持续发展的商业环境，为政府构建高效的城市运营管理环境，使城市成为一个和谐运行的新智慧生态系统，如图 18-1 所示。

微课 18-1
智慧城市
概述

图 18-1　智慧生态系统

　　智慧城市的建设可以有效协助解决以下核心领域所面临的挑战：

　　1）城市管理。"智慧市政管理"提供便捷的公共服务与高效的行政管理，应用体系包括智慧政府、智慧城管、智慧公共安全等。

　　2）产业经济。"智慧产业经济"提供良好的企业环境，依托海量信息数据的搜集和存储、数学模型优化分析以及高效性能计算技术，形成以智慧产品满足社会需要的产业，应用体系包括智慧物流、智慧制造、智慧产业园区等。

　　3）社会民生。"智慧社会民生"保证了稳定的社会与高品质的生活，市民在工作、生活中可获得一站式、互动式、高效率的信息服务，随时、随地、随需获得"衣食住行乐财教医"等信息服务，家居生活还可实现远程化智能化管理，应用体系包括智慧医疗、智慧文化教育、智慧社区等。

　　4）资源环境。"智慧资源环境"为发展可持续的资源和环境提供了数据支持和技术的可能，应用体系包括智慧水资源、智慧电网、智慧环保等。

　　5）基础设施。"智慧基础设施"为城市交通、信息化基础设施的合理规划布局和充分整合利用提供了可能性，应用场景包括智慧交通、信息化基础设施等。

笔记

18.2　智慧城市的发展趋势

　　（1）智慧城市建设将更加重视以人为本

　　21 世纪以来，我国提出要坚持"以人为本，全面、协调、可持续发展"的科学发展观，坚持走可持续发展道路。随着我国城市化进程的加速，城市作为驱动经济发展、促进技术创新、提高人们幸福指数的作用更加显著，同时城市规模的扩大和城市人口的激增也引发了不少问题，走以人为本的可持续发展道路成为必然选择。智慧城市作为一种新型城市形态，也必须以人为中心，强调尊重人、解放人、依靠人和为了人的价值取向。智慧城市离不开公众的参与，因此智慧城市建设必须首先要考虑到公众的感受。只有充分开发利用人的智慧、紧紧围绕人的实际需求、支撑智慧城市建设的现代信息技术才能发挥作用，才能真正实现城市的智慧化运行，进而为市民创造更好的生活环境及价值实现平台，让智慧城市的建设成果惠及全体市民。未来智慧城市不仅仅是应用尽可能多的智能技术，而是将更加致力于在城市和市民之间创建更大程度的合作互动关系。

（2）智慧城市建设更加强调生态文明建设

当今世界，经济发展与资源环境问题的矛盾日益突出，全球气候变暖、两极冰川融化、环境污染全球化的趋势逐渐显现，环境问题已成为人类社会发展面临的共同问题。城市由物质、能量和信息组成，必须正确处理它们的关系，维护动态平衡；在智慧城市规划、设计、建设和发展过程中需要更多关注重视城市生态环境保护，重视生态文明建设，转变粗放式经济发展模式。未来，我国智慧城市将不断完善环境能源监测体系、能耗控制体系、污染排放检测体系，积极推进绿色建筑和低碳城市建设，努力构建人与自然和谐相处的社会环境。

（3）智慧城市服务功能呈现多元化趋势

未来，智慧城市建设将在应用方向上更加多元化，包括智慧社区、智慧党建、智慧政务、智慧医疗、智慧交通、智慧综治等多方面应用。以智慧社区为例，一个完善的智慧社区系统涵盖了党建、网格、综治9+X、城市管理、物业管理、政务服务、生活服务等内容，运用大数据、GIS地图、区块链等信息技术全面解决基层治理难题。

（4）社会主导战略在智慧城市未来发展中将扮演更加重要的角色

智慧城市主导战略根据推动主体的不同可分为政府主导战略和社会主导战略。政府主导战略是一种正式的、由内向外实施的计划，主要是由政府机关等资助和管理，为城市公共部门和开发机构建设更有效率的基础设施和服务提供全新的方法和思路，并且为数字社会创新发展的战略提供良好成长环境。社会主导战略是一种由私人机构、社区组织、大学及其他创始者发动的由外及内、突发性的创新活动，政府投资较少，并且多应用公共平台和解决方法，强化社会资源建设和推进数字融合。目前的智慧城市实践中，政府主导战略占据主流，但具体的实施还是要依靠企业的市场化运营才会形成一个可持续发展的良性循环。智慧城市对创新能力要求很高，中小型企业是进行技术研发、成果转化最活跃的市场主体，所以这些企业在智慧城市中发挥的作用是非常值得期待的，因此，未来社会主导战略在城市的发展中也将扮演更加重要的角色。

（5）未来智慧城市多种开发建设组合模式并进

智慧城市建设涉及多种建设内容，是一个复杂的系统工程，需要依靠多方力量完成，而且其项目属性、涉密性、专业性、投入以及市场发展前景各有不同。另外，在智慧城市建设上的一个共同特点是强调政企合作，在具体建设上可以发现多种模式。例如，政府牵头、社会参与，或者政府投资管理，研究机构和非营利性组织参与等。因此，未来在智慧城市的建设过程中，将通过对项目建设、运营的各方面影响因素进行评估，实行以客户为中心、整合资源、多方参与、合作共赢的项目建设和运营的商业模式，将呈现多种开发建设组合模式并进的态势。

18.3　如何将人工智能应用于智慧城市

　　智慧城市的成长与发展需要依靠数据河流的灌溉。智慧城市的感知化、物联化和智能化，正是数据收集、传输、挖掘分析和利用的过程，可以说，智慧城市是从数据河流中孕育出来的城市运行新模式。

　　（1）全面感知

　　利用城市中的监控摄像机、传感器、RFID、移动和手持设备、计算机和多媒体终端等收集城市运行相关的各类数据，包括政府政务活动中的数据、企业商业运作中的数据以及公众生产、生活中产生的数据等。

　　（2）互联互通

　　互联互通是数据传输的过程，不仅包括技术层面上利用网络传输信息，还包括了城市运行主体——政府、企业、公众彼此之间信息互联互通的范围和标准。

　　（3）智能化分析

　　利用超级计算机和云计算技术对生产生活实现智能控制，通过数据的采集、传输、分析和利用，让城市就像拥有神经网络系统的生命体一样感知环境、传递信息、运算数据并支持决策，这条数据的河流才能真正"流动"起来，如图18-2所示。

图18-2　智能化分析

（4）信息安全

信息安全涉及政府、企业、公众等每一个城市运行的主体，没有健全的安全机制保护，海量的数据信息将会危害社会的正常秩序。因此，智慧城市的建设必须首先明确信息的安全机制，同时建设重要的数据灾备中心。在制度上，需要完善数字认证、信息安全等级测评机制，逐步建立信息安全等级保护机制。

（5）标准化

标准化是智慧城市互联互通的基础保证，没有标准化的支撑，设备无法互联、系统不能互通，而各自为政的局域智慧无法实现智慧城市的最终发展目标。因此，在建设智慧城市的过程中应重视各类标准的建立，有标准的护航，智慧城市的发展才有保障。

拓展阅读

与本章内容相关的更多知识，请参考本书配套教学资源中的拓展阅读。

文本：拓展阅读

练一练

1. 模拟体验在智慧红娘中，利用很少的人力对大量的单身男女进行"夫妻相"管理。在大数据信息的背景下，运用强大的人工智能程序，通过大数据匹配，识别寻找配偶的最有"夫妻相"的另一半的相片。

2. 模拟体验在智慧办公中，利用可视化人工智能护照办理一体机快速识别办证。智能摄像头实时监控指定的区域，运用强大的人工智能程序，识别出个人身份证件信息。另外通过人脸比对核实身份，快速实现无人办证。

创研篇　人工智能的行业应用实践

通过本篇的学习，读者可以了解人工智能在智慧养老、智能家居等领域的应用与实践；通过项目实训，读者可以更深入地掌握人工智能相关技术和知识。

第 19 章　智慧养老系统初步设计与应用

　　随着社会人口老龄化日趋严重，养老问题受到越来越广泛地重视。进入人工智能时代，老年人对健康、安全、生活品质也提出更高、更多元化的要求。通过使用人工智能相关技术，解决在养老行业里普遍存在的"老人在家摔倒"等事故中监控难度大、人力监控效率低等问题，对全面提高养老安全具有十分重要的意义。

PPT：19-1
智慧养老系统
初步设计与应用

教学目标

1）了解智慧养老的发展历程及趋势。

2）了解智能设备和智慧平台对智慧养老的影响。

3）掌握智慧养老行业的数据采集、数据标注和数据处理。

4）掌握构建模型及训练模型的方法。

5）掌握"摔倒行为识别"算法模型应用。

6）掌握本章实训项目中所用到代码积木的功能、使用方法、编程逻辑及语法。

基本概念

　　智慧养老：是面向居家老人、社区及养老机构的传感网系统与信息平台，并在此基础上提供实时、快捷、高效、低成本的物联化、互联化、智能化的养老服务。

19.1　智慧养老的发展

　　一般认为，"智慧养老"最早是由英国生命信托基金提出，也被称为"全智能老年系统"，即打破时间和空间的限制，为老年人提供高质量的养老服务。随着技术的不断发展，这一概念的内涵也不断扩大。根据智慧健康养老产业发展行动计划（2017—2020 年）

微课 19-1
智慧养老的
发展

笔记

的定义，智慧健康养老是指面向居家老人、社区及养老机构的传感网系统与信息平台，并在此基础上提供实时、快捷、高效、低成本的物联化、互联化、智能化的养老服务。

随着科学技术和社会经济的发展，智慧养老产业也从最初的培育期逐步成长，悄然进入爆发期。总体看来，智慧养老发展历程可以分为起步阶段、探索阶段、试点阶段、示范阶段和爆发阶段五大阶段，如图 19-1 所示。

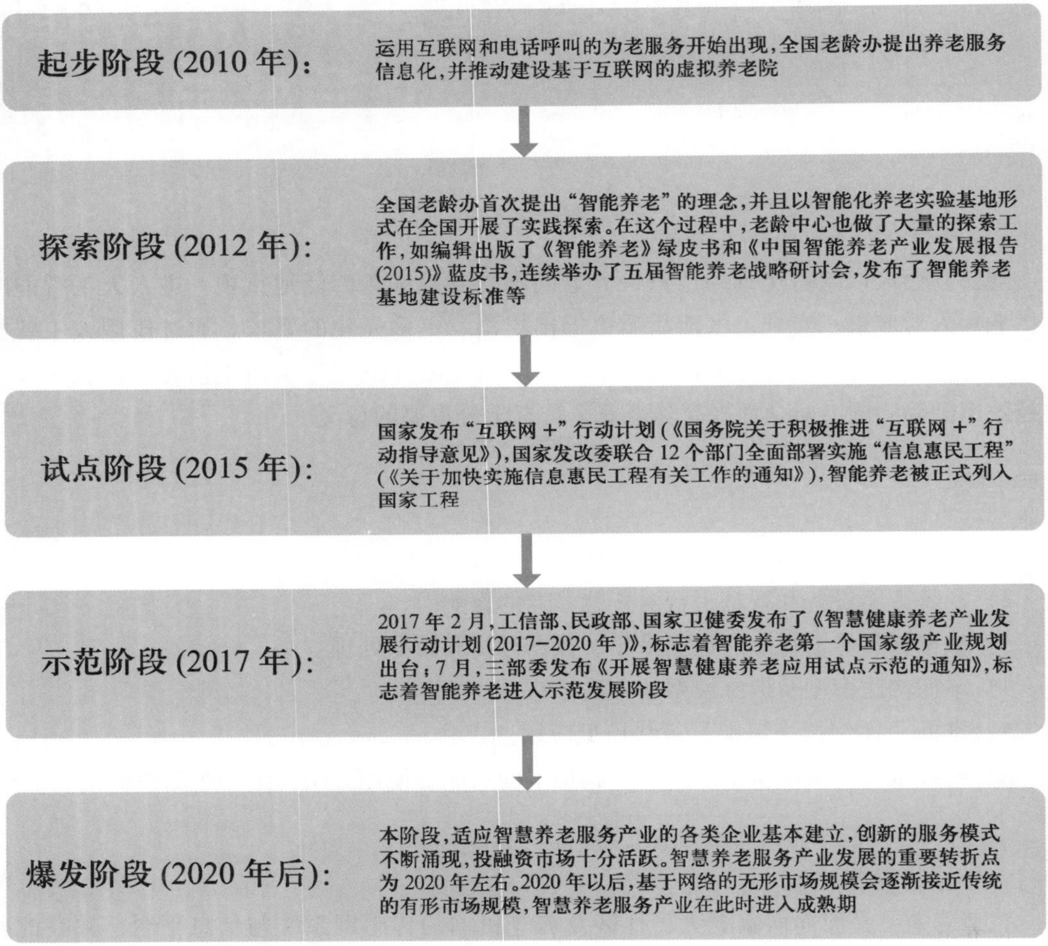

起步阶段 (2010 年)： 运用互联网和电话呼叫的为老服务开始出现,全国老龄办提出养老服务信息化,并推动建设基于互联网的虚拟养老院

探索阶段 (2012 年)： 全国老龄办首次提出"智能养老"的理念,并且以智能化养老实验基地形式在全国开展了实践探索。在这个过程中,老龄中心也做了大量的探索工作,如编辑出版了《智能养老》绿皮书和《中国智能养老产业发展报告(2015)》蓝皮书,连续举办了五届智能养老战略研讨会,发布了智能养老基地建设标准等

试点阶段 (2015 年)： 国家发布"互联网+"行动计划(《国务院关于积极推进"互联网+"行动指导意见》),国家发改委联合 12 个部门全面部署实施"信息惠民工程"(《关于加快实施信息惠民工程有关工作的通知》),智能养老被正式列入国家工程

示范阶段 (2017 年)： 2017 年 2 月,工信部、民政部、国家卫健委发布了《智慧健康养老产业发展行动计划(2017-2020 年)》,标志着智能养老第一个国家级产业规划出台;7 月,三部委发布《开展智慧健康养老应用试点示范的通知》,标志着智能养老进入示范发展阶段

爆发阶段 (2020 年后)： 本阶段,适应智慧养老服务产业的各类企业基本建立,创新的服务模式不断涌现,投融资市场十分活跃。智慧养老服务产业发展的重要转折点为 2020 年左右。2020 年以后,基于网络的无形市场规模会逐渐接近传统的有形市场规模,智慧养老服务产业在此时进入成熟期

图 19-1　智慧养老发展历程

19.2　智慧养老的核心创新动力

智慧养老产业链长，涉及行业多，其顺利发展需要政府、企业、社会、社区、家庭等多方面力量通力合作。近年来，政府通过各种优惠政策，如购买服务、场地支持等加

大对相关技术企业以及智能养老产品、服务的支持力度；同时，通过服务外包等多种方式与服务中介机构、大数据企业、互联网企业以及相关社会组织、研究机构开展合作，充分发挥各种养老供给主体的专业优势，进行协同创新，如图 19-2 所示。

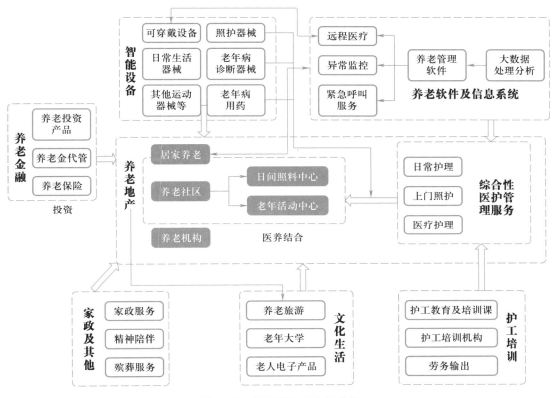

图 19-2　智慧养老产业链分析

　　根据分析，智慧养老的服务链上游有智能设备、养老平台、护工培训、养老金融、家政服务、文化生活等，其中智能设备和养老平台是与传统养老有着最大区别的部分。智能设备和养老平台的出现，在一定程度上有效缓解了当前我国的居家养老、社区养老和机构养老普遍存在的监测问题与经营成本问题。

　　2019 年 6 月，浙江椿熙堂"互联网+"智慧养老项目落地，利用智能终端+智慧养老平台打造"没有围墙"的养老院。政府通过养老服务补贴、政府购买服务项目等形式，为符合条件的低保、独居、空巢、高龄老年人免费发放智能设备：智护手环、S3 智能手表、远程智护医疗血压计，以智能终端设备为服务入口，搭配智慧健康养老服务信息平台，构筑统一开放的养老服务体系，通过对平台服务资源的有效运营，全力打造"没有围墙的养老院"。

　　（1）智能硬件以个性化和多样化为发展方向

　　2017 年 2 月，工业和信息化部联合民政部、国家卫健委共同发布了《智慧健康养老

笔记

笔记

产业发展行动计划（2017—2020 年）》，提出要丰富智能健康养老服务产品供给；针对家庭、社区、机构等不同应用环境，发展健康管理类可穿戴设备、便携式健康监测设备、自助式健康检测设备、智能养老监护设备、家庭服务机器人等，满足多样化、个性化健康养老需求；智能硬件产业可以重点发展国家扶持的智能健康养老服务产品，如图 19-3 所示。

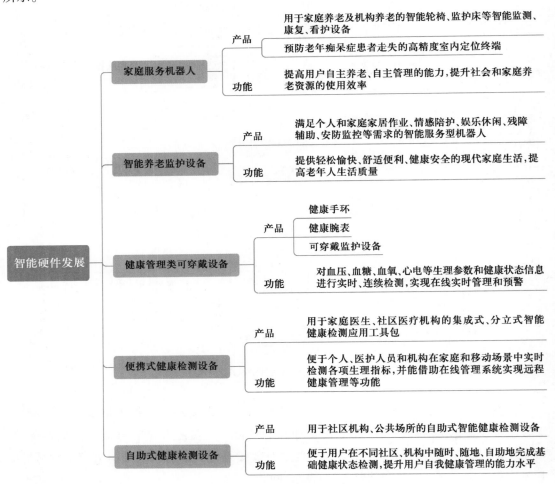

图 19-3　智慧养老设备发展趋势

（2）智慧养老平台围绕健康生活、快乐生活和安心生活

如今智慧养老平台已成为养老流行趋势。该平台可运用物联网、互联网、移动互联网、智能呼叫、云计算、GPS 定位等信息技术，创建"系统+服务+老人+终端"的智慧养老服务模式，帮助养老机构大幅提升管理效率，并且涵盖机构养老、居家养老、社区日间照料等多种形式，让老人在家就可以享受到专业、智能的服务。未来的智慧养老平台将为老人提供更为优越的养老服务，对老人的身体状态、安全情况和日常活动进行有效监控，全方位满足老人在生活、健康、安全、娱乐等各方面的需求，如图 19-4 所示。

图 19-4　智慧养老平台框架

拓展阅读

与本章内容相关的更多知识，请参考本书配套教学资源中的拓展阅读。

文本：拓展阅读

练一练

1. 问题描述

本任务以人工智能中计算机视觉领域的相关核心技术为基础，要求基于智慧养老行业的真实场景业务需求，在人工智能开放平台环境下，完成对图片进行收集、处理、分析、标注，构建图像数据集，设计深度神经网络结构训练模型、校验模型、发布模型并应用模型进行预测。

基于日常生活场景，收集生活中摔倒或与摔倒相似的场景图样，并对图片数据标注，处理成可用于训练模型的图像数据，将图像数据制作成可用于模型训练的图像数据集，基于人工智能平台，利用图像数据集以及深度学习的相关知识，完成模型构建、模型训练、模型校验、模型发布、模型应用及编程操作，模拟搭建一个智能防摔系统。

2. 实操实训

根据上述任务要求，运用人工智能平台及实训套件，进行智能防摔系统的设计，具体操作流程参考如下。

步骤 1：数据采集。

安装摄像机，并联通截图工具，完成数据的采集。

1）安装"设备网络搜索"软件，摄像机连接供电网线，通过"设备网络搜索"软件确定使用摄像机，配置相关的参数（IP 地址和端口号等）。

2）安装截图工具，并连通摄像机，定义图片存储路径。

3）根据防摔倒数据采集的需求，调整人工智能套件的动作及摄像机拍摄角度，通过摄像机，利用截图工具采集 200 张正常站立和摔倒两种类型的图样。

步骤 2：构建数据集及数据标注。

在人工智能应用软件上操作，成功上传采集图样数据，然后进行预筛选处理，建立对应的标签，在物体检测类型中进行图片标注。

1）建立数据集。

2）成功上传采集图样。

3）对采集图样进行预筛选处理。

4）建立对应标签。

5）完成对采集图样的标注。

步骤 3：构建模型及训练模型。

在人工智能应用软件上操作，建立模型、绑定数据集并进行模型训练，可根据模型训练的准确度反复调整标注内容或上传更多图片，以得到更加精准的模型。

1）建立模型。

2）绑定数据集。

3）训练模型。

步骤 4：模型校验及发布模型。

在人工智能应用软件上操作，上传多张检验图片，进行自我训练模型的结果检验，发布模型以备后续应用。

1）上传多张检验图片。

2）进行模型校验。

3）发布模型。

步骤 5：模型应用。

在人工智能应用软件上操作，通过创建实训项目，以可视化编程的方式将自我训练模型应用在项目中。

1）建立实训项目，包括项目名称、封面、项目简介。

2）上传规定检验的图片。

3）通过可视化编程，应用发布模型，以图像化编程的方式实现规定图片检验的效果呈现，并有声音预警提示。

4）保存项目。

步骤 6：项目总结。

在人工智能应用软件上操作，编写项目自我评价报告，要求贴近实际项目需求。

第 20 章　智能家居系统初步设计与应用

近年来，随着人工智能、大数据、物联网等新技术的发展与突破，智能家居的用户体验进一步提升。其中，人工智能在智能家居场景中，一方面将持续推动家居生活产品的智能化，包括照明系统、影音系统、能源管理系统、安防系统等，实现家居产品从感知到认知到决策的发展；另一方面在建立智能家居系统时，搭载人工智能的产品将有望成为智能家居的核心，包括机器人、智能音箱、智能电视等，智能家居系统也将逐步实现家居自我学习与控制，从而满足不同的个性化服务。

PPT：20-1
智能家居系统
初步设计与
应用

教学目标

1）了解智能家居的发展及特点。
2）了解人工智能与智能家居的关系。
3）了解智能设备组装及系统安装。
4）了解开发环境搭建及数据采集。
5）了解数据标注及训练校验下载。
6）了解人工智能算法应用及代码编程与硬件适配。

基本概念

智能家居（Smart Home，Home Automation）：以住宅为平台，利用综合布线技术、网络通信技术、安全防控技术、自动控制技术、音视频技术集成家居生活的有关设施，构建高效的住宅设施与家庭日程事务的管理系统，提升家居安全性、便利性、舒适性、艺术性，并实现环保节能的居住环境。

20.1　智能家居的发展

智能家居的概念很早就被提出，但一直未有具体的建筑案例出现，直到 1984 年美国联合科技公司（United Technologies Building System）将建筑设备信息化、整合化概念应用于康涅狄格州哈特佛市的 City Place Building 时，才出现了"智能型建筑"的雏形，从此揭开了全球建造智能家居竞争的序幕。

微课 20-1
智能家居的
发展

　　智能家居是在互联网影响下物联化的体现。智能家居通过物联网技术将家中的各种设备（如音视频设备、照明系统、窗帘控制、空调控制、安防系统、数字影院系统、影音服务器、影柜系统、网络家电等）连接到一起，提供家电控制、照明控制、电话远程控制、室内外遥控、防盗报警、环境监测、暖通控制、红外转发以及可编程定时控制等多种功能。与普通家居相比，智能家居不仅具有传统的居住功能，而且还兼备建筑照明、网络通信、信息家电、设备自动化等功能，即提供全方位的信息交互，同时降低能源消耗。

20.2　智能家居的特点

　　智能家居是为了更好地服务于人类的家庭生活，让人们更加方便、快捷地使用家用电器设备。智能家居将人们从传统使用家电模式脱离出来，更加强调智能化和家庭自动化。

　　家庭自动化是智能家居的一个重要特质。在智能家居刚出现时，家庭自动化甚至就等同于智能家居，今天它仍是智能家居的核心之一，但随着网络技术普遍应用于智能家居，网络家电/信息家电的成熟，家庭自动化的许多产品功能将融入这些新产品中去，从而使单纯的家庭自动化产品在系统设计中越来越少，其核心地位也将被家庭信息系统所代替。未来，家庭自动化将作为家庭网络中的控制网络部分在智能家居中继续发挥作用。

笔记

　　家庭自动化是指利用微处理电子技术来集成或控制家中的电子电器产品或系统，如照明灯、咖啡炉、计算机设备、保安系统、暖气及冷气系统、视讯及音响系统等。家庭自动化系统主要是以一个中央微处理机（Central Processor Unit，CPU）接收来自相关电子电器产品（外界环境因素的变化，如太阳东升或西落等所造成的光线变化等）的信息后，再以既定的程序发送适当的信息给其他电子电器产品。中央微处理机必须通过许多界面来控制家中的电器产品，这些界面可以是键盘，也可以是触摸式荧幕、按钮、计算机、电话机、遥控器等；消费者可发送信号至中央微处理机，或接收来自中央微处理机的信号。

20.3　智能家居的优势

　　（1）智能灯光控制
　　智能灯光控制可以实现对全宅灯光的智能管理，可以用遥控等多种智能控制方式实现对全宅灯光的遥控开关、调光、全开全关及"会客、影院"等多种一键式灯光场景效果的实现；并可用定时控制、移动终端远程控制、计算机本地及互联网远程控制等多种控制方式实现功能，从而达到智能照明的节能、环保、舒适、方便等功能。

智能灯光控制具有以下几个优点。

1）控制：就地控制、多点控制、遥控控制、区域控制等。

2）安全：通过弱电控制强电方式，控制回路与负载回路分离。

3）简单：智能灯光控制系统采用模块化结构设计，简单灵活、安装方便。

4）灵活：根据环境及用户需求的变化，只需要做软件修改设置就可以实现灯光布局的改变和功能扩充。

（2）智能电器控制

电器控制采用弱电控制强电方式，即安全又智能，可以用遥控、定时等多种智能控制方式实现对家庭饮水机、插座、空调、地暖、投影机、新风系统等进行智能控制，避免饮水机在夜晚反复加热影响水质；在外出时断开插排通电，避免电器发热引发安全隐患；对空调地暖进行定时或者远程控制，让业主到家后马上享受舒适的温度和新鲜的空气。

智能电气控制具有以下几个优点。

1）方便：就地控制、场景控制、遥控控制、电话计算机远程控制、手机控制等。

2）控制：通过红外或者协议信号控制方式，安全方便不受干扰。

3）健康：通过智能检测器，可以对家里的温度、湿度、亮度进行检测，并驱动电器设备自动工作。

4）安全：系统可以根据生活节奏自动开启或关闭电路，避免不必要的浪费和电气老化引起的火灾。

（3）安防监控系统

随着居住环境的升级，人们越来越重视自己的个人安全和财产安全，对人、家庭以及住宅的小区的安全方面提出了更高的要求；同时，经济的飞速发展伴随着城市流动人口的急剧增加，给城市治安管理增加了新的难题。要保障小区的安全，防止偷抢事件的发生，就必须有可靠的安全防范系统。人防的保安方式难以适应现代化社区的要求，智能安防已成为当前的发展趋势。

视频监控系统已经广泛地存在于银行、商场、车站和交通路口等公共场所，但实际的监控任务仍需要较多的人工完成，而且现有的视频监控系统通常只是录制视频图像，提供的信息是没有经过解释的视频图像，只能用作事后取证，没有充分发挥监控的实时性和主动性。为了能实时分析、跟踪、判别监控对象，并在异常事件发生时提示、上报，为政府及企业的安全相关部门及时决策、正确行动提供支持，视频监控的"智能化"就显得尤为重要。

智能安防监控系统具有以下几个优点。

1）安全：安防系统可以对陌生人入侵、煤气泄漏、火灾等情况提前发现并通知主人。

2）简单：操作非常简单可以通过遥控器或者门口控制器进行布防或者撤防。

3）实用：视频监控系统可以依靠安装在室外的摄像机可以有效地阻止小偷进一步行动。

（4）智能背景音乐

背景音乐是在公共背景音乐的原理基础上结合家庭生活的特点发展而来的新型背景音乐系统。简单地说，就是在家庭任何一间房子里，如花园、客厅、卧室、酒吧、厨房或卫生间，可以将 MP3、FM、CD 等多种音源进行系统组合，让每个房间都能听到美妙的背景音乐。音乐系统即可以美化空间，又起到很好的装饰作用。

智能背景音乐具有以下几个有点。

1）独特：与传统音乐不同，专门针对家庭进行设计。

2）效果：采用高保真双声道立体声喇叭，音质效果非常好。

3）简单：控制器人性化设计，操作简单，无论老人小孩都会操作。

4）方便：人性化，主机隐蔽安装，只需通过每个房间的控制器或者遥控器就可以控制。

（5）智能视频共享

视频共享系统是将数字电视机顶盒、DVD、录像机、卫星信号接收器等视频相关设备集中安装于隐蔽的地方，系统可以做到让客厅、餐厅、卧室等多个房间的电视机共享家庭影音库，用户可以通过遥控器选择喜欢的影视进行观看。采用这样的方式既可以让电视机共享音视频设备，又不需要重复购买设备和布线，既节省了资金又节约了空间。

智能视频共享具有以下几个优点。

1）简单：布线简单，一根线可以传输多种视频信号，操作更方便。

2）实用：无论主机在哪里，一个遥控器就可以对所有视频主机进行控制。

3）安全：采用弱电布线，网线传输信号，方便更新升级。

（6）可视对讲系统

当前，可视对讲产品已比较成熟，成熟案例随处可见，有大型联网对讲系统，一般在楼宇使用；也有单独的对讲系统，如别墅使用的，其中又有一拖一、一拖二、一拖三等类型；一般可以实现的是呼叫、可视、对讲等功能。

（7）家庭影院系统

对于高档别墅或者公寓，客厅或影视厅面积一般都超过 $20\,m^2$，除了要宽敞舒服，也得有必要的娱乐设施。要满足这样的要求，基于家庭云平台的家庭影院系统是必不可少的。

智能家庭影院系统具有以下几个优点。

1）简单：操作非常简单，一键可以启动场景，如音乐模式、试听模式、卡拉 OK 模式、电影模式等。

笔记

2）实用：通过千兆交换机连接到各房间，即可通过遥控器/平板在不同的房间操作投影仪、电视机，并可配合智能灯光、电动窗帘、背景音乐等进行联动控制。

20.4　人工智能与智能家居的关系

随着人工智能等新技术的发展和应用，国内外众多智能家居制造商已经在着手研究家居智能机器人，也可以称为"智能管家"，其核心技术不仅涉及摄像头、电机、处理器、通信芯片，也包括人工智能算法，如神经网络、深度学习、计算机视觉等。

（1）人工智能与智能家居的关系

人工智能与智能家居的关系可以分为 3 个阶段：控制—反馈—融合。

第一阶段：控制，即远程开关、定时开关等控制方式。

第二阶段：反馈，即把通过智能家居或可穿戴设备获得的数据通过智能管家反馈给用户。

第三阶段：融合，即当用户跟智能管家聊天的时候，智能管家可以判断用户的心情，提供播放音乐的建议或者直接播放用户喜欢的音乐以调节气氛，真正做到和人类管家一样"贴心"。

（2）人工智能管家

人们可以根据需求选择，定制想要的人工智能管家，它熟悉用户的一切喜好和习惯，会在合适的时候激活合适的电器，能够接收用户的一切指令并准确完成，如开门、开电视、空调等。不仅如此，它还能在用户无聊的时候陪着聊天。可以设想一下：回家不用钥匙，摄像头自动识别并打开门，智能管家自动打开灯，帮你打开电视搜索频道；不在家时，有智能管家守护家中安全，不会有失窃、着火等意外事件的发生；不用布线也不用安装，就能拥有能分开、能组合、能控制还可以说话的智能家居管家，这听起来是不是很美好？

拓展阅读

与本章内容相关的更多知识，请参考本书配套教学资源中的拓展阅读。

文本：拓展阅读

练一练

1. 问题描述

本任务将围绕智能家居相关实际场景，通过使用人工智能的相关技术解决智能家居安防中偷盗防范漏洞大、分析判别监控对象时效慢、智能提醒和制止偷盗行为难等问题，包括智能设备组装、开发环境搭建、数据采集、系统使用（人工智能实训平台）、数据分析技能（视频、图文数据处理和标注）、人工智能标注技能（构建数据集及数据标注、构建模型及训练模型、模型校验及发布模型）、人工智能编程技能（模型应用、代码编程）、人工智能软硬结合（代码驱动智能设备）等。

本任务要求基于智能家居安防场景，设计一个具有快速识别主人人脸身份信息，并可支持语音交互的智能家居安防智能系统。

2. 实操实训

本任务中关于智能家居安防系统设计配套的实训套件主要包括控制主板、拓展板、摄像头及配套电子元件、电源、软件等。

（1）控制板与拓展板

系统使用的控制板是树莓派 4B，拓展板为多功能树莓派拓展板。控制板是一款基于 ARM 的微型计算机主板，可连接键盘、鼠标和网线，同时拥有视频模拟信号的电视输出接口和 HDMI 高清视频输出接口，其结构如图 20-1 所示。

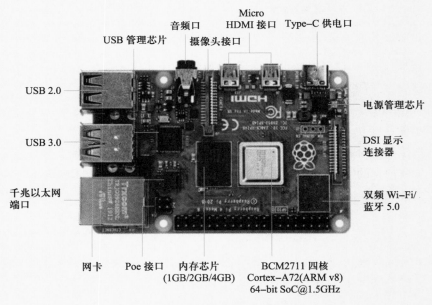

图 20-1　树莓派 4B 的结构

通常，为了便于树莓派连接其他传感器及执行元件，需要使用拓展板，其各接口功能如图 20-2 所示。

该拓展板具有如下特点：

1）建有 8 路带过流保护的 PWM 舵机接口，有效保护舵机。

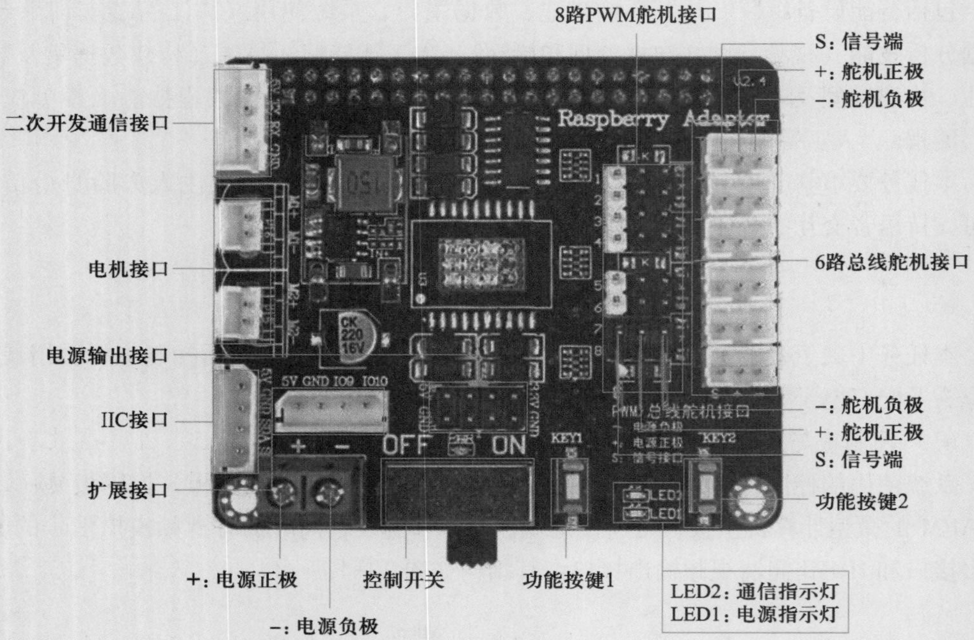

图 20-2 树莓派拓展板

2）内建单总线串口电路，可直接控制串口舵机。

3）两路可编程的 LED，清晰展示系统工作状。

4）预留了 IIC 接口和 UART 接口，可以更方便地拓展各种传感器。

（2）摄像头模块

如果把控制板形容为"大脑"，那么摄像头则是"眼睛"。摄像头模块的安装非常简单，只需要把它的 USB 头插入控制板的 USB 接口即可。连接摄像头后需要测试摄像头是否成功被识别，有使用命令测试、访问 IP 测试、使用 hsv_tool 工具 3 种判断方法。

（3）软件

OpenCV（Open Source Capture Vision）是一个免费的计算机视觉库，可通过处理图像和视频来完成各种任务，比如显示摄像头输入的信号以及让机器人识别现实生活中的物体。虽然 Python 有自带的图像处理库 PIL，但是其功能要弱于 OpenCV。OpenCV 提供了完整的 Python 接口，在提供的镜像系统中已经集成了 Python 3.5 和 Python-opencv 库文件，可以直接使用这个强大的计算机视觉库。

根据上述任务要求，运用所学的相关知识，结合相关人工智能平台及实训套件，进行智能家居安防系统设计，具体操作流程参考如下。

步骤 1：智能设备组装及系统安装。

根据提供的套件，查阅指导手册进行系统的组装、烧录及连接。

1）安装语音拓展板、摄像头、显示屏、连接线等，完成智能设备的组装。

2）镜像系统文件烧录内存卡。

3）插卡到主板，接通电源，使用软件连通设备。

步骤2：开发环境搭建及数据采集。

搭建开发环境，编写可视化视频拍照采样小程序，采集200张个人头像数据。

1）搭建开发环境。

2）引用OpenCV库。

3）编写可视化视频拍照采样小程序。

4）采集200张个人头像。

5）导出采集数据到U盘中。

步骤3：数据标注及训练校验下载。

在人工智能应用软件上操作，成功上传采集图样数据，然后进行预筛选处理，建立对应的标签并进行标注，建立模型，绑定数据集，进行模型训练。可根据模型训练的准确度，反复调整标注内容或上传更多图片来得到更加精准的模型。上传多张检验图片，进行自我训练模型的结果检验，再下载模型以备智能设备中调用进行结果展示。

1）建立数据集。

2）从U盘中导出采样数据图片，成功上传采集图样。

3）对采集图样进行预筛选处理。

4）建立对应标签。

5）完成采集图样进行标注。

6）建立模型。

7）绑定数据集。

8）训练模型。

9）上传多张检验图片。

10）进行模型校验。

11）下载模型到U盘。

步骤4：模型应用在硬件设备上效果展示。

在智能硬件上编写一个方法，实现人脸识别和音频互动，并在设备中展示效果，开放接口服务。

1）从U盘中导入模型到智能设备。

2）搭建一套调用模型识别主人人脸的功能。

3）开发一套语音互动的功能模块。

4）结合显示屏实现一整套识别主人并可声音互动的可视化界面。

5）开放功能接口服务。

步骤5：编程及硬件适配。

笔记

在人工智能应用软件上操作，通过代码编程调用智能设备中开放的功能接口，通过平台驱动智能硬件进行图像识别和声音互动功能展示。

1）建立项目，包括项目名称、项目简介。

2）通过可视化编程，驱动智能硬件进行图像识别和声音互动功能展示。

3）保存项目。

步骤6：提交项目总结报告。

在人工智能应用软件上操作，在线编写提交项目自我评价报告，要求贴近实际项目需求。

参考文献

[1] 赵春江. 人工智能引领农业迈入崭新时代 [J]. 中国农村科技, 2018 (272): 29-31.

[2] 曹梦川. 人工智能在农业上的应用与展望 [J]. 宁夏农林科技, 2018 (05): 59-60.

[3] 李中科, 赵慧娟, 苏晓萍, 等. 人工智能在农业的最新应用及挑战 [J]. 农业技术与装备, 2018 (6): 90-92.

[4] 刘韬, 葛大伟. 机器视觉及其应用技术 [M]. 北京: 机械工业出版社, 2018.

[5] 程光. 机器视觉技术 [M]. 北京: 机械工业出版社, 2019.

[6] 王文利. 智慧园区实践 [M]. 北京: 人民邮电出版社, 2018.

[7] 钱慧敏, 何江, 关娇. "智慧+共享" 物流耦合效应评价 [J]. 中国流通经济, 2019 (11): 3-16.

[8] 德勤. 中国智慧物流发展报告 [R]. 2018.

[9] 周苏, 张泳. 人工智能导论 [M]. 北京: 机械工业出版社, 2020.

[10] 杜睿云, 蒋侃. 新零售: 内涵、发展动因与关键问题 [J]. 价格理论与实践, 2017 (2): 139-141.

[11] 石红兰. 基于图像处理的车牌识别系统的研究与实现 [J]. 机电信息, 2011 (21): 178-178, 185.

[12] 侣君淑, 张健文. 智能交通中图像处理技术应用综述 [J]. 电子信息, 2017 (6): 87.

[13] 中国电子技术标准化研究院. 标准化白皮书 (2018 年版) [R]. 2018.

[14] 全国信息安全标准化技术委员会大数据安全标准特别工作组. 人工智能安全标准白皮书 (2019 年版) [R]. 2019.

[15] 工业和信息化部人才交流中心. 人工智能产业人才发展报告 (2019—2020 年版) [R]. 2020.

[16] 国家人工智能标准化总体组. 人工智能伦理风险分析报告 [R]. 2019.

[17] 全国信息技术标准化技术委员会大数据标准工作组, 中国电子技术标准化研究院. 大数据标准化白皮书 (2020 版) [R]. 2020.

［18］艾瑞咨询．2019 年 AI 芯片行业研究报告［R］.2019.

［19］中国人工智能开源软件发展联盟．中国人工智能开源软件发展白皮书［R］.2018.

［20］中国电子学会，中国数字经济百人会，商汤智能产业研究院．新一代人工智能白皮书（2020 年）［R］.2020.

［21］深圳前瞻产业研究院．2019 年人工智能行业现状与发展趋势报告［R］.2019.

［22］中国新一代人工智能发展战略研究院．新挑战和机遇下的中国人工智能科技产业发展［R］.2020.

［23］中国人工智能产业发展联盟．中国人工智能产业知识产权白皮书（2019）［R］.2019.

［24］中国电子技术标准化研究院．知识图谱标准化白皮书（2019）［R］.2019.

［25］国家人工智能标准化总体组．人工智能开源与标准化研究报告［R］.2019.

［26］全国信息技术标准化技术委员会生物特征识别分技术委员会．2020 年人脸识别行业研究报告［R］.2020.

［27］全国信息技术标准化技术委员会生物特征识别分技术委员会．2020 年虹膜识别行业研究报告［R］.2020.

［28］全国信息技术标准化技术委员会生物特征识别分技术委员会．2020 年行为识别行业研究报告［R］.2020.

［29］Bernerslee T，Hendler J，Lassila O. The Semantic Web［J］. Scientific American，2003，284（5）：34-43.

［30］Yuangui L，Victoria U，Enrico M. SemSearch：A Search Engine for the Semantic Web［J］. EKAW 2006：238-245.

［31］AMIT S. Introducing the knowledge graph［R］. America：Official Blog of Google，2012.